住区建筑安全设计

郭 新 高广华 葛 为 著

国防工业出版社

·北京·

内 容 简 介

本书主要介绍了住区建筑安全设计理念和基本概念,建筑环境安全理论,住区建筑外部环境安全设计和住区建筑内部环境安全设计。内容包括安全科学理论,安全系统的评价理论,建筑环境评价理论和住区建筑环境的构成要素,住区水环境安全设计,交通环境安全设计,绿化环境安全设计和住区建筑内部环境构造基础,建筑出入口安全设计,建筑内部空间安全设计以及其他安全隐患等。

本书的主要适用对象为建筑学和城市规划专业的本科生、研究生,也可供建筑学、城市规划、风景园林、土木工程等专业人员及其他读者阅读参考。

图书在版编目(CIP)数据

住区建筑安全设计/郭新,高广华,葛为著. —北京:国防工业出版社,2016.4
ISBN 978 – 7 – 118 – 10492 – 9

Ⅰ.①住… Ⅱ.①郭… ②高… ③葛… Ⅲ.①住宅—建筑设计 Ⅳ.①TU241

中国版本图书馆 CIP 数据核字(2016)第 049789 号

※

*国防工业出版社*出版发行

(北京市海淀区紫竹院南路 23 号 邮政编码 100048)
北京嘉恒彩色印刷有限责任公司
新华书店经售

*

开本 880×1230 1/32 印张 3⅛ 字数 86 千字
2016 年 4 月第 1 版第 1 次印刷 印数 1—1500 册 定价 26.00 元

(本书如有印装错误,我社负责调换)

国防书店:(010)88540777   发行邮购:(010)88540776
发行传真:(010)88540755   发行业务:(010)88540717

前　言

　　安全最基本的含义是生存的安全。建筑最初的功能就是为人类遮风避雨,抵抗各种灾害的侵袭。从古至今,人类为了求得安全的生存环境,不断研究和发展建筑。建筑安全,无疑和设计人员以及设计施工等过程中的科学技术知识和技能有关,但是关于生活在建筑环境中的安全问题和建成后的建筑环境安全问题,之前的研究却不多。本书正是基于这样一个出发点,以住区建筑环境为研究对象,研究住区建筑安全问题。

　　本书共分四章。第一章是绪论,介绍住区建筑安全设计理念和基本概念;第二章主要介绍建筑环境安全理论,包括安全科学理论,安全系统的评价理论,建筑环境评价理论和住区建筑环境的构成要素;第三章从水环境安全设计、交通环境安全设计、绿化环境安全设计三个方面研究了住区建筑外部环境安全设计问题;第四章研究住区建筑内部环境安全设计,包括建筑内部环境构造基础,建筑出入口安全设计,建筑内部空间安全设计和其他安全隐患。

　　住区建筑安全问题关系到千家万户,建筑从业人员责无旁贷。

　　本书在编写过程中,参考了前人的相关著作和论述,在此一并表示感谢!

　　本书成文仓促,难免存在疏漏和不足,欢迎批评指正!

作　者

2015.06.30

目　　录

第一章　绪论 ……………………………………………………… 1
　　第一节　住区建筑安全设计 …………………………………… 1
　　第二节　基本概念的阐释 ……………………………………… 3
第二章　建筑环境安全的理论 …………………………………… 9
　　第一节　安全科学理论 ………………………………………… 10
　　第二节　安全系统的评价理论 ………………………………… 21
　　第三节　建筑环境评价理论 …………………………………… 24
　　第四节　住区建筑环境的构成要素 …………………………… 28
第三章　住区建筑外部环境安全设计 …………………………… 31
　　第一节　水环境安全设计 ……………………………………… 31
　　第二节　交通环境安全设计 …………………………………… 35
　　第三节　绿化环境安全设计 …………………………………… 41
第四章　住区建筑内部环境安全设计 …………………………… 49
　　第一节　建筑内部环境构造基础 ……………………………… 50
　　第二节　建筑出入口的安全设计 ……………………………… 58
　　第三节　建筑内部空间安全设计 ……………………………… 66
　　第四节　其他安全隐患 ………………………………………… 89
参考文献 …………………………………………………………… 92

第一章　绪　　论

第一节　住区建筑安全设计

冷战的结束使安全研究发生了形态转换。人们被迫重新思考支撑安全研究的基本假说。安全是什么？简单地说，安全就是没有危险。危险有很多种，其危险程度不一样。对人类社会而言，最严重的危险莫过于对人类生存环境的破坏。因此，安全最基本的含义是生存的安全。在对安全没有确定的认识和定义之前，我们姑且认为安全问题就是对生存的威胁，尽管可能有些狭隘，但可以说，从对威胁生存安全的角度研究安全，安全一词的要义和内涵就基本上把握住了。住区建筑环境安全，完全包括在此定义范围之内。

从原始居住方式到今天各式各样的建筑，起初人类只是把建筑作为遮风避雨、抵抗凶猛野兽进攻的一种保护结构。随着人类文化的进步，建筑也有了飞速的发展，从简单的保护结构，到为了生活得更舒适而做的各种安全措施，为减少财产损失和保护人员生命安全所做的防火与结构的计算等。建筑安全、建筑防火、建筑结构等领域的研究尽管是相对完善的，但对于生活在建筑中的人们遭受无意识状态下的伤害的可能性以及建筑为满足现有规范条件所设计的一些建筑构件是否会成为不安全因素等方面的建筑安全问题的研究却甚少。

是否满足规范要求，是衡量建筑成败的一个重要标准，这也成为设计人员的一个主要工作信条，一般情况，对此建筑在今后的使用过程中，是否会对使用者造成无意识状态下的伤害等安全问题会较少涉及和分析。其实这个现象，不仅在住宅和住区中存在，在许多其他建筑环境中都有不同程度的存在。虽然很多建筑都有无障碍设计，有为老年人等特殊人群的设计,但更多是对规范要求的应对,缺少对建筑设计细节的分析,特别是对建筑的使用过程中容易造成人员伤害的细节分析和研究。

在建筑安全领域以及其他的领域,前人已做过的相关研究主要有:

(1)克雷格.A.斯奈德的《当代安全与战略》,张勇的《环境安全论》等,论述了现代社会弥漫的战争环境所带来的安全隐患以及自然环境对人的生存环境的危害性。他们从不同角度,从本身命题的领域界定了安全的定义,具有很好的参考价值。

(2)高桥仪平著的《无障碍建筑设计手册》——为老年人和残疾人设计建筑,刘连新、蒋宁山主编的《无障碍设计概论》等关于无障碍设计类的图书,都从人体工程的角度分析了建筑设计从残疾人和正常人的角度出发去考虑建筑的合理尺寸设计,内容翔实,数据充足,对于建筑使用中避免建筑尺寸设计不合理造成的人员危害有一定的参考价值,但是他们仅仅限于对于数据的研究,对建筑使用中可能造成的潜在危害并没有加以分析。

(3)各类的建筑设计安全规范,施工安全规定等,只是从避免财产与人员伤亡的前提出发进行硬性或者强制的规定,特别是建筑防火领域目前是相对完善的,因为人们看到了火灾导致的人员与财产的损失,同时相关部门为建筑防火严格把关,但他们也仅从技术层面去分析建筑的使用安全。

(4)《城市灾害学原理》(金磊)、《城市防灾学》(万艳华)、《城市灾害学》(章友德)以及1986年自《灾害学》杂志开始创刊到后来的各种自然灾害领域的杂志,分析了各种自然环境对人类的生存环境构成的潜在威胁以及避免措施,在建筑使用安全的研究中,可以从建筑设计和建筑改造的角度出发,避免因建筑所改变的自然环境可能造成的人员危害。

(5)*Safety and Security in Building design Ralph Sinnott.* 从人文关怀方面用大量实例分析了建筑中容易对人造成不必要的危害与财产损失。从建筑的防盗,以及建筑构件的门、窗、入口等角度分析了在使用中容易造成的安全隐患。

第二节　基本概念的阐释

　　居住区是人们日常生活、居住、游憩,具有一定的人口和用地规模,并集中布置居住建筑、公共建筑、绿地道路以及其他各种工程设施,为城市街道或自然界限所包围的相对独立的地区。

一、建筑环境

　　建筑是人们利用建筑材料从自然空间中隔离出来的人造空间,最早的建筑雏形是原始部落的窝棚,安全是第一需求,只要是能躲避风雨虫兽的袭击,能"庇天下寒士"就足以。在物质文明极大丰富,科学技术迅速发展的今天,人们对建筑的要求越来越多。从抵御自然界的侵袭到追求精神寄托,再到人性化空间的安全,我们都要密切关注并研究建筑与其所形成的环境之间的关系。

　　现代建筑面对的主要问题是建筑与环境之间的关系,建筑环境可能给人造成的伤害常常被忽视。建筑安全与其所依存的环境关系密切。建筑的安全不仅仅是建筑本身给人带来的安全感,我们不能忽略建筑本身作为局部环境与其周边整体环境之间的联系。局部与整体的观念并非始自今日,而是自古就有之。古人曾把这种整体环境理解为多个单体建筑的相互关系,从而形成本书研究的建筑环境。

　　相对于单体建筑而言,群体建筑所形成的环境无疑是复杂的,建筑群体之间的组合所形成的建筑周边环境更是远远超越了建筑本身所固有的安全之责。研究建筑的安全,不要仅仅停留在建筑本身的安全隐患,而要结合其周围的环境一起来研究建筑的安全,所以才有了建筑环境的安全。建筑环境的安全,有赖于建筑整体的协调一致。

　　建筑与建筑周边的环境需要协调。这种协调包含两层意思,既有空间意义上的协调,又有时间意义上的协调,二者应该是一个完整统一的整体,这个整体所带来的应该是安全。不能仅仅追求表面上形式一致协调的建筑,还要从建筑环境的安全去考虑。那种只求表面形式一致的建筑,已经脱离了历史意义上的时间概念,其空间的功用也发生了与古代不同的变化。当代建筑的一个基本观点就是把环境空间看做是建筑的主角,而人又是环境空间的主角。所以,在这个以人为本的建筑环境中,我们要处处考虑人的存在和人在其中的安全。

在环境这个看似有所限制的大前提下,只有发挥自我的表现才能,才会有更广阔的天地。建筑是具有使用功能的,其精神因素应寄托在实体之中,在建筑环境安全的前提下,让建筑艺术的表现更多地向前发展,到了一定程度,就会如黑格尔所说的那样:"建筑已经超出了它自己的范围而接近更高一层的艺术"。所以说建筑也需要表现,但这种表现并不能脱离建筑美的本义,也不能脱离建筑以人为本的要求,我们更应该将这种表现更多地投向建筑的整体环境。

优秀的建筑作品,既不应该是耀眼的招牌,也不应该是可有可无的摆设,而应该是与建筑一起生长的周边环境的协调一致。协调并不是单单只求形式表面的相同或相近,建筑环境美的奥妙在于结合,协调是一种结合,结合周边的道路、水体、绿化、围护构件等。

总之,建筑环境就是建筑本身及其周围相互协调一致的统称,包括建筑本身和与其周围的道路、水体、绿化、围护构件等,以及相邻近建筑所形成的空间。

二、安全

安全是什么? 简单地说,安全就是没有危险。

(1)"安全"的原始含义大致有如下解释:

① 安全在希腊文中的意思是"完整",而在梵语中的意思是"没有受伤"或"完整",在拉丁文中还有"卫生"(Salvus)之意。

②"安"字指不受威胁,没有危险、太平、安全、安逸、稳定等,可谓无危则安;"全"字指完满,完整或指没有伤害,无残缺等,可谓无损则全。

③《汉语大词典》对安全的解释。一是平安、无危险;二是保护、保全。根据《韦伯国际词典》,英语的安全(security)表示一种没有危险、恐惧、不确定状态,免于担忧,同时在一定的意义上还表示进行防卫和保护各种措施。

(2)随着时代的发展,安全的释义更加宽泛。

① 安全指没有危险,不受威胁,不出事故,即消除能导致人员伤

害,发生疾病或死亡,造成设备或财产破坏损失,以及危害环境的条件。

② 安全是指在外界条件下使处于健康状况,或人的身心处于健康、舒适和高效率活动状态的客观保障条件。

③ 安全是一种心理状态,即认为某一子系统或系统保持完整的一种状态。

④ 安全是一种理念,即人与物将不会受到伤害或损失的理想状态,或者是一种满足一定安全技术指标的物态。

安全的字面意思较为明确,各类词典通常是指平安、稳定、保护以及无危险、不受威胁、不出事故的这样一种工作和生活状态。所以,安全不仅是一种状态,还包括获得安全的措施,这一点汉语和英语的解释大体相同。

在众多安全专家对安全做出的诠释中,较有代表性的是:安全是危险的对立面,它的基本含义包括两个方面:一是预知危险,二是消除危险,二者缺一不可。从广义来讲,安全是预知人类活动各个领域里存在的固有的或潜在的危险,并且为消除这些危险所采取的各种方法、手段和行动的总称。安全的本质含义是告诉人们怎样去认识危险和防止灾害的发生,消除最终导致发生死亡、伤害、职业病及各种损失的存在条件。

从上述分析我们可以看出,虽然安全的定义形形色色,但都包含了两个方面的意思:一是人的存在状态,即人的身心免受外界危害的存在状态;二是使这种状态得以存在的外界环境。人的存在离不开物,物既是人的安全保障环境,又是有可能对人体产生危害的因素,而物本身也有一个存在状态。

综合各种解释,本书将"安全"定义为:人的身心免受外界不利环境影响的存在状态以及使这种状态得以存在的外界环境。

外界环境的存在状态如何能保障人的安全及使人免受伤害,是我们要研究的主要问题。安全科学不仅要静态地研究这些保障人体健康的外界环境因素,而且还要动态地研究人的状态,物的状态,人与物的关系表现形式的状态以及三者之间的内在联系。这两个方面结合起来,才是一个完整科学的安全概念。

三、与安全相对应的概念的界定

安全作为一种状态,常常与和它相反的状态——事故、隐患、危险等一同被提及,因此在此首先对这些与安全相对应的概念进行界定。

（1）事故:《牛津词典》中将事故定义为"意外的、特别有害的事件";美国安全工程师海茵里希（Heinrich）认为:事故是"非计划的、失去控制的事件";按当代著名数学家 G. D. 伯克霍夫（Brckhoff）的定义,事故是人（个人或集体）在为实现某种意图而进行的活动过程中,突然发生的、违反人的意志的、迫使活动暂时或永久停止的事件;吉雷进一步补充说明了"事故是指任何计划之外的事件,可能引起或不会引起损失或伤害";还有学者从能量观点出发解释事故,认为事故是能量逸散的结果。

（2）隐患:危险源是产生事故或安全问题的根源。它包括危险因素和有害因素,也叫隐患。在我国,危险因素一般指在短时间内就可造成损失的因素,如引起人的急性伤害或短时间内死亡的因素（在国家标准 GB6441 - 1986 中定义为职工伤亡事故）;有害因素一般指引发人的慢性疾病（如我国卫生部、劳动与社会保障部 2004 年颁发的《职业病目录》中规定的 115 种职业病）的因素。然而,在急性损失,慢性伤害之间并没有严格的时间界限,所以,危险因素和有害因素也不能够严格区分。在实用上和安全科学理论中,常常把二者不加区分地称为危险源。隐患在我国通常指那些容易"看得见、摸得着"的危险有害因素,可以把它们看作是物质性危险源。

（3）危险:是和安全相反的一种状态,是指在生产过程中,人或物遭受损失的可能性超出了可接受范围的一种状态。危险与安全一样,也是与生产过程共存的过程,是一种连续型的过程状态。危险包含了尚未为人所认识的,以及虽为人所认识但尚未为人所控制的各种隐患。同时,危险还包含了安全与不安全一对矛盾斗争过程中某些瞬间突变发生外在表现出来的事故结果。

四、安全设计

安全设计,一般是指对建筑在其整个生命周期内可能遇到的各种危险进行充分识别和在科学分析的基础上,通过设计赋予建筑防止、避免对人所造成的伤害或减少建筑破坏的可能性。

安全设计是基于对事故危害深入探索后的诊断推理,体现出本质安全的含义,是现代安全事业的努力方向,它是主动型、隐含型管理方式,体现出一种本质安全,将安全及人类的需求特点做到产品及工程中。

安全设计的涵盖范围十分广泛,包括食品、信息通信、交通、工农业建筑等诸多方面。建筑领域的安全设计在传统观念中按照灾害类别进行分类,包括建筑防雷设计、建筑防火设计、建筑防震设计、建筑防洪设计、建筑人防设计等,提出一个建筑设计及系统设计符合我国规范对具体灾害防治的要求,使建筑内的人员安全达到较高的水平。

近年来,随着各类非传统的突发事件的出现,对于建筑安全性的更多要求被纳入了设计范围。这些新的安全隐患归结起来主要是人因风险,其中最主要的是针对各种类型的恐怖袭击和突发事件这两类。如何在建筑设计中较好地解决这些问题是摆在建筑设计人员和相关研究机构面前的新的挑战。

安全设计的具体含义着眼于传统含义上的设计行为,即有目标和计划的创作行为,将一个建筑构思或计划转变成具体有创造性的详细的施工或生产计划、方案。在这一行为过程中,遵守相关安全技术条例、法规、标准,在一定程度上保证建筑的安全性。我国长期沿用这样的工作方式,建筑的安全设计活动局限于建筑师,与之对应的是我国条块分割的行业管理方式、处方式安全规范运用及被动滞后的安全文化意识,使得建筑安全问题成为众所关注的一大隐患,甚至成为社会经济发展的一个潜在障碍。

随着"以人为本"思想深入人心并受到全社会普遍重视,保障人民生命安全成为安全工作的首要任务,同时公共建筑的规模日益扩大、功能日益复杂、城市环境更加多样,传统的建筑主体安全保障及一定程度上的维护功能已经不能有效地在灾害发生时保护人类或不能避免不必要的人身伤害,因此有必要将安全设计的含义人性化、宏观化,研究方法更为科学、系统,为更加深入开展建筑设计安全研究确立新的目标。

因此,综合多种对"安全"的定义,从宏观上讲,安全设计的含义是:人主动运用行政、经济、法律、法规、技术等各种手段,发挥决策、教育、组织、监察、指挥等各种职能,对人、物、环境等各种被考虑对象施加影响和控制,在建筑环境形成前,预估和消除可能存在的不安全因素,保障人身和财产安全,达到建筑环境的安全目的的活动。这一活动阶段的中心问题是事故发生的预估,以保障人员安全为首要任务。

第二章　建筑环境安全的理论

纵观历史,设计师早已经将保护和安全作为他们工作的一部分,内容包含抵抗来自自然界的侵袭和保护人类不受有害因素的袭击。早期的建筑场地选择主要是考察其地理特征,如河流、山脉、峡谷和其他可以增强安全性的自然屏障。安全设计主要集中于认为构筑的阻隔,像墙、篱笆和抵抗入侵者的壕沟,其作用主要是将入侵者阻止在某一界限之外,或者阻碍他们前进以使防御者有时间做出反应。这些自然的或人为的物质保护措施给防御者建立起一道战术性的防线来抵御那些企图伤害他们的因素。

在今天,安全设计也没有什么太大的改变,主要目标仍然是一致的。最简单的围栏也起着界定个人财产的作用。无论如何容易跨越,都非常清楚地表明入侵者正在侵犯所有者的个人基本权利。这种以阻隔物限定边界的设计随着威胁种类的变化、增多而逐步发展、强化。但由于物质方面、资金方面和人员方面的限制,任何限定边界的阻隔物都有可能被突破。这就意味着总是有一定程度的危险存在。因此安全设计的目标将是针对不同的威胁选择合适的阻隔措施进行最有效的防御。

建筑安全评价作为安全评价技术在建筑行业中的具体运用,其产生、形成和发展离不开相关科学理论的指导和借鉴。因此,有必要对相关理论进行概要的阐述,目的是从方法学的角度研究具有学科综合化特征的安全评价方法理论体系,从方法论、学科一般方法和具体评价技术三个层面,全面研究安全评价方法和技术,探索具有相对普适性的应用技术,并使之具备一定的可操作性和适应性。

第一节 安全科学理论

一、概述

德国学者库尔曼（Kuhlmann）在其所著的《安全科学导论》（*Introduction to Safety Science*）一书中详细介绍了安全科学的理论和方法，论述了安全科学的范围、任务，并用事例论证了定性与定量的安全分析，探讨了政府和社会对技术领域的安全问题所能施加的影响。"安全科学技术的研究目标是将科学和技术在应用过程中产生的损害可能性和损失的后果控制在绝对的最低限度内，或者至少使其保持在可容许的限度内。"这里所指的损害，可以是自然或技术引起的事故，也可以是其他破坏或损失。就建筑而言，是指由于各种事故、灾害所引发的人员或财产损失。在实现这个目标的过程中，安全科学的独特功能是获取及总结有关知识，并将发现和获取的有关理论和知识应用于安全工程实践。这些知识和理论包括应用技术层面的安全评价、运用安全设计策略预防系统（如建筑）内危险发生的各种方法以及意外事故发生后的应急措施等。

（一）安全科学的定义

对于安全科学的定义，多年来一直没有形成广为认同的一致界定。库尔曼认为，"安全科学是研究技术应用中的可能导致危险产生的问题。……简言之，安全科学是研究安全问题的，是关于安全的学说。……应该将安全科学看作是相互渗透的跨学科的科学分支。"以系统为对象，进行预测研究，这是库尔曼所倡导的安全科学最重要的特色。

比利时的丁·格森教授对安全科学的定义如下："安全科学研究人、机和环境之间的关系，以建立三者的平衡共生态为目的。"

我国学者刘潜认为："安全科学是一门专门研究人们在生产生活及其他活动过程中的身心安全（包括安全、健康、舒适、愉快乃至享受）以达到保护活动者及其活动能力，保护其活动效率的跨门类、综合性的横断科学。"由此定义可以看出，它不仅包括了技术应用的安全领域,而且还包括了人类一切活动中危及人的身心安全的其他因素。但这样的定义过于宽泛,与其他学科有过多重叠的问题。后来刘潜先生又对其修正为:"安全科学是一门专门研究安全的本质及其运动、转化规律与保障条件的科学。"

综上所述,可以认为安全科学是研究事物安全与危险矛盾运动规律的科学。其主要目的是:研究事物安全的本质规律,揭示事物安全相对应的客观因素及转化条件;研究预测、消除或控制事物安全与危险影响因素和转化条件的理论与技术;研究安全的思维方法和知识体系。

安全科学的本质特征归纳如下:

(1)安全科学要体现本质安全,即从本质上达到事物或系统的安全最合适化;

(2)安全科学要体现理论性、科学性,不但要研究实现安全目标的技术方法和手段,而且要研究安全的理论和策略;

(3)安全科学要体现交叉性,不仅包括工程科学和技术科学的知识,而且要包括基础科学理论以及认识论的知识;

(4)安全科学要体现研究对象的全面性,即安全科学的研究对象应包括人类生存和发展过程中面临的一切负效应。

(二)安全科学的体系结构

安全科学作为一门新兴科学,具有跨学科、交叉性、横断性、跨行业等特点。安全科学本质上不仅包括自然科学,而且包括社会科学。科学的发展和实践表明,安全问题不仅涉及人,还涉及人可以利用的物,其知识体系及面域极为广泛。根据钱学森教授关于科学学、科学技术层次、马克思主义哲学的有关论述,按照安全三要素(人—机—环境)的不同属性及其相互作用机制,对安全科学技术进行纵横向理论分层,可将其分为哲学层次、科学层次、基础科学层次、工程技术层次四大层次以及安全哲学、安全科学、安全学、安全工程四类,如图 2.1所示。

安全科学的专业技术则是安全科学应用理论与技术在各产业安全生产中的应用。因为各产业的安全有其自身的特点,安全科学应用技术必须与各个产业相结合,才能真正解决各产业安全生产的具体问题。例如,采矿业、建筑业、化学工业、交通运输业、机械工业,均已形成了各自的安全科学的应用理论和技术体系。

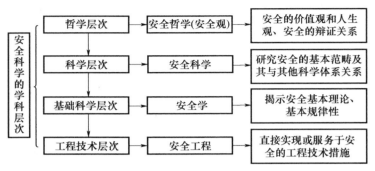

图 2.1　安全科学的学科层次

（三）安全科学的产生和发展沿革

安全科学的发展伴随着人类社会和生产技术的进步从低级走向高级,从落后走向科学。这个过程大致可以分为四个阶段。（见表 2.1）

表 2.1　安全科学发展的四个阶段

阶段	时代	技术特征	认识论	方法论	安全科学特点
I	工业革命前	农牧业及手工业	宿命论	无能为力,听天由命	人类对自然与人为的灾害和事故只能是被动承受
II	17 世纪—20 世纪初	蒸气机时代	局部安全	亡羊补牢,事后型	建立在事故与灾难的经验上的局部安全意识
III	20 世纪初—50 年代	电气化时代	系统安全	综合对策及系统工程	建立了事故系统的综合认识,认识到人、机、环、管综合要素
IV	20 世纪50 年代至今	信息化时代	安全系统	本质安全化,预防超前型	从人与机器环境的本质安全入手,建立安全的生产系统

随着科技进步和社会的飞速发展,要减少意外事故,保障安全、健康的生产生活环境,急需把有关安全的科学技术从众多学科中分化出

来,形成与各工程学科不同的独立分支,如通风安全、电气安全、防火防爆以及建筑、交通、化工、食品、能源、矿业等产业安全技术。半个多世纪以来,各国为尽可能减少或消除事故和灾害,科学地估量风险与评价灾害,进行了大量的防灾减灾、风险控制以及安全设计、施工、验收等工作。历史的教训和成功经验表明,要处理好生产生活领域的重大安全问题,是绝非某一学科的理论或技术所能解决的。

为了适应现代工业发展的进程和国民经济发展的需要,减少灾害给人类带来的伤害和风险。世界各国均对原有学科体系进行调整,促使原来分散并寓于各学科的安全科学技术,在分化、独立的基础上,以人的安全为出发点,或者说以人的身心安全和健康为研究对象,重新进行高度综合化和系统化。尤其是在联合国提出将20世纪90年代确定为"国际减灾十年",并提出总体规划要求后,世界各国加快了大安全学科的建设,力图以大安全观为主旨,反映安全的本质和运动规律,运用减灾的一切手段和方法,融合、协同构建综合的安全减灾交叉学科。

在我国,由劳动保护、职业安全卫生工程、安全科学管理发展到目前的安全科学技术,经历了40多年的历程。20世纪80年代是我国安全科学发展的重要阶段,我国安全研究和管理人员深感必须采用系统工程的方法,才能真正改变企业安全工作的被动局面,也就是说,必须首先发现问题,采用系统工程方法找出系统中存在的所有危险性,加以辨识、分析和评价,从而找出解决问题的措施,防患于未然。我国的安全研究和应用也大致经历了四个发展阶段。

1. 安全技术工作和系统安全分工合作时期

初期,安全工作者和产品系统安全工作者的分工是明确的,前者负责人员安全,后者负责产品安全,两者分工协作、密切配合、共同完成生产任务。

2. 安全技术工作引进系统安全分析方法阶段

由于系统安全分析是针对系统各个环节本身的特点和环境条件,进行定性和定量的安全性分析,做出科学的评价,并据此采取针对性的安全措施,所以这种方法对安全工作十分有用。

3. 安全管理引用安全系统工程方法阶段

由于安全系统工程不仅可以评价各个环节的可靠性和安全性问

题,而且对系统开发的各个阶段也可以进行评价。因此,企业的安全管理等阶段(检查、操作、维修、培训)都可以使用这种方法提高系统性和准确性。

4. 以安全系统工程方法改革传统安全工作阶段

在安全工作中广泛使用安全系统工程方法,使传统安全工作进行改革的趋势需要不断地在实践中总结经验。目前,贯穿系统科学思想的安全管理方法不断涌现,并延伸出很多新学科。

二、安全科学的基础理论——事故成因理论

安全科学的基础理论是关于事故发生与预防的原理,它是研究事故发生的成因、规律及预防和控制事故的原理和方法的理论体系。它是从大量典型事故的本质原因的分析中所提炼出的事故机理和事故模型,因此,安全科学的基础理论也可称为事故成因理论,即事故致因理论,也称事故模型。这些机理和模型反映了事故发生的规律性,能够为事故原因的定性、定量分析,为事故的预防及人的安全行为方式,从理论上提供科学的、完整的依据。

事故成因理论,是关于事故起因、发展、影响后果的理论,是一定生产力发展条件的产物。在科学技术落后的古代,人们往往把事故的发生看作是人类无法违抗的"天意"或"命中注定",事故发生后也只知道祈求神灵保佑。随着科学的发展和社会的进步,特别是工业革命以后,随着生产方式及人在生产过程中所处地位的变化,人们的安全观念也逐渐发生了变化,先后产生了一系列的事故成因理论。

(一)早期事故成因理论

20世纪初,资本主义世界掀起了工业革命的高潮,在生产得到较大发展的同时,发生了大量的事故,也产生了一些事故成因理论。

1919年,英国的格林伍德(M. Greenwood)和伍兹(H. H. Woods)对许多工厂的事故进行了统计分析,发现工人中的某些人更容易发生事故。美国的法默(Farmer)等人在进一步研究的基础上,提出了事故频发倾向理论,即认为工厂中少数工人具有稳定的、内在的、容易发生事故的倾向。

美国的安全工程师海因里希(W. H. Heinrich)的因果连锁理论

（也称多米诺骨牌理论）是该时期最有影响的代表性理论（见图2.2）。海因里希在统计分析了55万起事故以后,发表了著名的《工业事故与预防》一书。他认为,事故的发生不是一个孤立的事件,而是一系列互为因果的原因事件相继发生的结果。海因里希提出了五个互为因果的因数,即:遗传与社会环境(M)、人的缺点(P)、人的不安全行为或物的不安全状态(H)、事故(D)、伤害(A)。

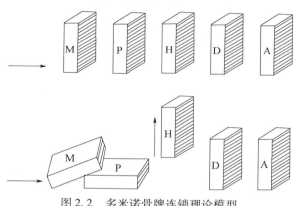

图2.2　多米诺骨牌连锁理论模型

上述事故因果连锁关系,可以用多米诺骨牌来形象地加以描述。如果其中的一块骨牌倒下（即第一个原因出现）,则发生连锁反应,后面的骨牌相继被碰倒（相继发生）。该理论的积极意义在于,如果移去因果连锁中的任意一块骨牌,则连锁将被破坏,事故过程被终止。海因里希认为,企业安全工作的中心就是要移去中间的骨牌—防止人的不安全行为或消除物的不安全状态,从而中断事故连锁的进程,避免发生事故。

在海因里希理论的基础上,博德(F. Bird)提出了反映现代安全观点的事故因果连锁理论,认为事故是由管理失误、个人原因与工作条件、人的不安全行为与物的不安全状态、事故、伤亡等五个互为因果的因数相继发生的结果。博德理论最大的特点是把事故的根本原因归结为管理失误。

（二）第二次世界大战后的事故成因理论

第二次世界大战后,出现了结构及操作非常复杂的高速飞机、雷达和各种自动化机械与设备。事故成因理论开始注重研究人与机器的匹配、危险源的辨识等问题。

斯奇巴(Skiba)等人提出了事故成因的轨迹交叉理论(见图 2.3),认为在事故发展进程中,人与物的不安全运动轨迹的交点就是事故发生的时间和空间,即如果人的不安全行为和物的不安全状态在同一空间和同一时间相遇,就将在此时此地发生事故。

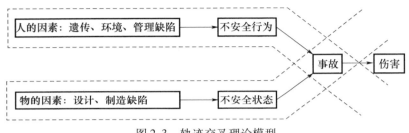

图 2.3 轨迹交叉理论模型

吉布森(Gibson)和哈登(Hadden)则提出了能量意外释放理论。他们认为事故是一种不正常的或不希望的能量释放,各种形式的能量释放是构成伤害的直接原因。现实生活中,机械能、电能、热能、化学能、电离及辐射能等能量形式,为人类社会的发展做出了巨大的贡献,但这些能量的意外释放都可能造成对人的伤害或对物的破坏。

(三)现代系统安全理论

20 世纪 50 年代以后,随着战略武器的研制、宇宙开发和核电站的建设等作为现代科学技术标志的复杂巨系统相继问世,以瑟利(J. Surry)、安德森(Anderson)为代表的众多学者提出了系统安全理论。他们认为任何活动都可归结为由人、机(机器、物)、环境组成的一个系统,事故是由人的不安全行为、物的不安全状态和不良的环境造成的,也即事故三要素理论。

由于这些理论把"人—机—环境"作为一个整体(系统)看待,研究它们之间的相互作用、反馈和调整,从中发现事故的致因,揭示出预防事故的途径,所以,也有人将之统称为系统安全理论。系统安全理论全面考虑了引起事故的各方面因素,而且特别关注其中人的因素,强调应通过加强管理,促进人—机—环境的匹配与协调来预防事故。

系统安全理论的出现,为预防和控制事故做出了巨大的贡献,也是目前广泛采用的安全研究理论。

到目前为止,事故致因理论的发展还很不完善,还没有给出对于事故调查分析和预测预报方面普遍有效的方法。但通过对事故致因理论的深入研究,必将在安全生产工作中产生深远的影响,它体现在以下四个方面:

(1)从本质上阐明事故发生的机理,奠定安全生产的理论基础,为安全生产指明正确的方向。有助于指导事故的调查分析,帮助查明事故原因,预防同类事故再次发生。

(2)为系统安全分析、安全(危险性)评价和安全决策提供充分的信息和依据,增强针对性,减少盲目性。

(3)有利于从定性的物理模型向定量的数学模型发展,为事故的定量分析、安全的定量评价奠定基础,真正实现安全管理的科学化。

(4)增加安全生产的理论知识,丰富安全教育的内容,提高安全教育的水平。

三、安全科学的应用技术——安全系统工程

作为安全科学的一个重要分支学科,安全系统工程就是以系统工程的方法,对安全科学体系中,工程技术运用层次的安全工程进行研究,解决生产过程中的安全问题,预防伤亡事故和经济损失发生的一门新技术学科。

(一)安全系统工程相关概念

1. 系统的定义

世界上一切事物、现象和过程,都是有机的整体,自成系统而又互成系统。对它有多种解释,在希腊语中,它是"有条理、有秩序地放在一起"的意思。《韦氏大词典》称系统为"有组织或被组织化的整体,由有规则的相互作用、相互依存的形式组成的诸要素的集合"。国际标准化组织技术委员会称系统为"能完成一组特定功能的,由人、机器以及各种方法构成的有机集合体。"钱学森教授在描述系统的概念时说,"极其复杂的研究对象称为系统,即由相互作用和相互依赖的若干组成部分结合成的具有特定功能的有机整体,而且这个系统本身又是

它所从属的更大系统的组成部分。"而日本学者斋藤嘉博则认为系统是"由若干部件或子系统相互间有机地结合起来可完成某一功能的综合体。"总之,我们可将系统理解为由人、设备等相互作用、相互依赖的两个或两个以上要素所组成的具有一定结构和独立功能的有机整体。一般来说,系统具有如下四个属性,即整体性、相关性、目的性和环境适应性。

2. 系统工程的定义

在美国系统工程技术委员会的定义中是指,"在系统的设计制造中运用科学知识的一门特殊工程学。"日本工业标准(JIS)的定义则认为,"系统工程是为了更好地达到系统目标,而对系统的构成要素、组织结构、信息流动和控制机构等进行分析和设计的技术。"而钱学森教授称之为组织管理技术。总而言之,系统工程是指为了更好地达到系统目标,而对系统的构成要素、组织结构、信息流动和控制结构等进行分析与设计的技术。简言之,即以系统为研究对象的工程。

系统工程着眼于整体的状态和过程,而不拘泥于局部的、个别的部分。系统的最佳化并不要求系统的所有单元或子系统都具有最佳特性。这是因为系统工程的分析方法与一般工程的方法不同,采用由上而下、由总而细的系统分析方法。系统工程不着眼于个别单元的性能是否优良,而是要求巧妙地利用单元间或子系统之间的相互配合和联系,来优化整个系统的性能,使其从整体上成为技术先进、经济合算、运行可靠、时间节省的实际可行的系统。

3. 安全系统工程的定义

安全系统工程是"采用系统工程的原理和方法,识别、分析和评价系统中的危险性,并根据其结果调整设计、工艺、设备、操作、管理、生产周期和投资费用等因素,使系统所存在的危险因素能得到消除或控制,使事故的发生减少到最低程度,从而达到最佳安全状态。"简单地说,安全系统工程就是用系统工程的知识、方法和手段解决生产中的安全问题。它的最终目的是消除危险,防止灾害,避免损失,保障人身财产安全。

(二)安全系统工程的主要内容

安全系统工程的基本组成包括系统安全分析、系统安全评价、安全对策措施三大部分。

1. 系统安全分析

为了充分认识系统中存在的危险性,要对系统进行细致的分析。根据需要可以进行不同深度的分析,可以是初步的或详细的,定性的或定量的。定性分析:系统检查表(安全检查表 SCL)定性定量分析:危险性预先分析法(PHA)、故障类型及影响分析法(FMEA)、事件树分析法(ETA)、事故树分析法(CFTA)、危险可操作性研究(HAZOP)、作业环境危险评价方法(LEC)。

2. 系统安全评价

系统安全分析的目的就是为了进行安全评价。通过分析了解系统中潜在的危险和薄弱环节、发生事故的概率和可能的严重程度等,都是进行评价的依据。安全评价是安全管理和决策科学化的基础,是依靠现代科学技术预防事故的具体体现。在我国也称风险评价或危险评价。作为本书的主要研究对象,有关系统安全评价的具体内容,将在下一节详细展开。

3. 安全对策措施

根据安全评价的结果,采取安全措施,对系统进行调整,对薄弱环节加以修正。

(三) 安全系统工程对建筑安全研究的意义

我国从 20 世纪 70 年代末期开始研究安全系统工程及其应用。1982 年,我国首次组织了由科研单位、大专院校和大型企业等方面专家参加的安全系统工程讨论会,研究了在我国发展安全系统工程的方向,它标志着安全系统工程在我国的研究与应用真正地进入到了实质性阶段。经过几十年的发展,目前安全系统工程在冶金、煤炭、化工、机械、交通、能源、信息技术、航空航天等部门得到了广泛应用。

在建筑业中,安全系统工程的方法虽也被引入进来,但是从目前的实际应用来看,主要集中在建筑施工、建筑安装、建筑设备及建筑安全管理等方面;就建筑设计业(包括建筑设计、结构设计、建筑设备设计等)内部来看,利用安全系统工程方法的研究领域也仅仅局限于建筑防灾等少数领域,而且还停留在理论探讨的层面上。全面综合的建筑安全研究有待进一步的"系统"整合扩充。作为建筑业中的一个重要领域,建筑设计行业的安全研究多年来没有得到足够重视,现行的安全设计模式主要停留在满足各类客观技术标准和法规的层面上。通俗地讲,只要"照章行事",就认为建筑是完全满足安全性要求的。但是,从近年来出现的众多针对或涉及建筑的安全事件来看,仅仅满足处方式的规范要求并不能较好地解决建筑安全问题。许多建筑在一般状况下可以认为是安全的,但是对于一些突发性的事件(如恐怖袭击),其脆弱性就很容易显现出来。当然,并不是所有建筑都有遭受恐怖袭击这类突发事件的可能,而且其发生的概率亦不大,但是一旦发生,其后果将是非常严重的。

所以,从安全系统工程理论的角度出发,以传统的安全工作方法和已取得的专业研究成果为基础,使用安全系统工程的方法来研究建筑安全问题,是对安全问题的理性分析。将建筑作为一个系统来看待,综合统筹建筑设计相关专业,全面研究建筑设计中的所有安全问题,提高城市建筑的安全度,保障城市安全运作,是十分必要的,也是较为科学的研究范式。

四、现代安全科学的研究方法

安全科学是一个相互渗透的跨学科的新兴科学,它不仅需要借助数学、物理学等基础学科的知识,还需要应用心理学、行为科学等学科的研究方法以及控制论、信息论等现代的研究思想和工具。面向系统的方法构成了现代安全科学的主要基础和出发点,它描述了人与机在一定环境中的相互作用,形成人—机—环境系统。事故的发生可以看作是人机系统内出现异常状况的结果。对人机系统的分析可以揭示事故的原因,对给定的允许危及度和实际危险进行评价比较。

(一)从安全系统的动态特性考察

人类的安全系统是由人、社会、环境、技术、经济等因素构成的大协调系统。无论从社会的局部还是整体分析,人类的安全生产与生存都需要多因素的协调与组织才能实现。

(二)从安全系统的静态特性考虑安全控制

安全科学涉及两个系统对象,即事故系统和安全系统。事故系统的要素是人、机、环境、管理。人的不安全行为是事故的最直接的因素；机器设备的不安全状态也是事故的直接因素；不良的环境则会对人的行为和机器设备产生负面的影响；管理不善是事故发生的间接而又非常重要的因素，因为管理对人、机、环境都会产生作用和影响。安全系统的要素是人、物、能量、信息。人是指人的安全素质（心理与生理、安全能力、文化素质）；物是指设备与环境的安全可靠性（设计安全性、制造安全性、使用安全性）；能量是指生产过程中能量的安全作用（能量的有效控制）；充分可靠的安全信息流（管理效能的充分发挥）是安全的基础保障。

认识事故系统要素，对指导我们建立风险控制系统，保障人类安全具有现实的意义。但是这种认识是事后型的，比较被动和滞后。而从安全系统的角度出发，则具有超前和预防的意义。因此，从建设安全系统的角度来认识安全原理更具有理性意义，更符合科学的原则。

通过上面的分析，可以看出，系统安全分析评价可以使用下述两种方法。

（1）问题出发型（事故系统）：经验的系统分析——通过统计手段和对已发生事故的分析，来确定人机系统的危险度及其属性。这是一种事后型的统计分析方法，目前应用较少。

（2）问题发现型（安全系统）：理论的系统分析——根据人机系统内不同组员的相互作用，从理论上推断系统的危险度，包括对可能事故的理论分析。这是一种事前型的理论分析方法，是目前主要的应用方法。

第二节　安全系统的评价理论

一、国外安全评价发展历程

风险评价，即安全评价是由保险业发展起来的。20 世纪 30 年代，保险公司为投保客户承担各种风险，但要收一定费用，这个费用收多少合适呢？当然要由所承担风险大小来决定。因此就带来一个衡量风险程度的问题，这个衡量风险程度的过程就是当时美国保险协会所从事的风险评价。

1964 年,美国首先开发了火灾爆炸指数评价法,用于对化工装置进行安全评价,这种方法在世界范围内影响很大,评价范围也从火灾爆炸扩展到毒性物质灾害等其他方面,推动了评价工作的发展。1974年英国帝国化学公司(ICI)在此基础上引入了"毒性"概念,并发展了某些补偿系数,推出了蒙德法。日本也推出了圈山法、正田法,使道化学公司的评价方法更为科学、合理、切合实际。

20 世纪 70 年代初,日本劳动省颁布了《化工厂安全评价指南》,把评价方法进一步向科学化、标准化方向推进,综合采用了一整套安全系统工程的分析方法和评价手段,使化工厂的安全工作在规划、设计阶段就能得到充分保证。以风险率为标准的定量评价是安全评价的高级阶段。这种评价手段是随着航空航天、核工业等高技术领域的开发而得到迅速发展的。英国 20 世纪 60 年代中期就建立了故障率数据库和可靠性服务所,开展了概率安全评价工作,在国际同行中影响很大,并一举推动了安全系统工程。世界范围广泛应用的美国原子能管理委员会的《商用核电站风险评价报告》是在 20 世纪 70 年代中期发表的。应该指出,国外的风险评价是指单一设备、设施或危险源的风险评价,还缺乏综合化的评价体系研究。

二、国内研究现状

20 世纪 80 年代初期,安全系统工程引入中国,受到许多大中型企业和行业管理部门的高度重视。此后,通过翻译、消化、吸收国外安全检查表和安全分析方法,中国机械、冶金、化工、航空、航天等行业的有关企业开始应用简单的安全分析、评价方法。这一时期主要特点是系统安全分析方法的应用,解决的问题基本上是系统的局部安全问题。

1984 年以后,中国开始研究安全评价理论与方法,在小范围内进行系统安全评价尝试。为推动和促进安全评价方法在中国企业安全管理中的实践和应用,1986 年原劳动人事部分别向有关科研单位下达了《机械工厂危险程度分级》《化工厂危险程度分级》《冶金工厂危险程度分级》《工厂危险程度分级》等科研项目。

1987 年原机械电子工业部首先提出了在机械行业内开展机械工

厂安全评价,并于 1988 年颁布了第一个安全评价标准——《机械工厂安全性评价标准》,受到企业的普遍欢迎,收到非常好的效果。目前,《机械工厂安全性评价标准》已应用于中国 1000 余家企业,该标准的颁布执行,标志着中国安全管理工作跨入一个新的历史时期。原化工部劳动保护研究所在吸收道化学公司火灾爆炸危险指数评价方法的基础上提出化工厂危险程度分级方法,通过计算物质指数、物量指数和工艺系数、设备系数、厂房系数、安全系数、环境系数等,得出工厂固有危险指数,以此进行固有危险性分级,用工厂安全管理等级修正工厂固有危险等级后,得出工厂危险等级。此外,中国有关部门还相继颁布了《医药工业企业安全性评价通则》、《航空航天工业工厂安全性评价规程》、《石化企业安全性综合评价办法》、《电子企业安全性评价标准》、《兵器工业机械工厂安全性评价方法和标准》等。

1991 年国家"八五"科技攻关计划中,将安全评价方法研究列入了重点攻关项目。由原劳动部劳保所等单位完成的中国"八五"国家科技攻关专题"易燃、易爆、有毒重大危险源辨识、评价技术研究",将重大危险源的评价分为固有危险性评价与现实危险性评价。该方法填补了中国跨行业重大危险源的评价方法的空白,在事故严重度评价中,建立了伤害模型库,采用了定量计算方法,使中国工业安全评价方法从定性评价迈入了定量评价。

模糊论的引入是近年来定量安全评价研究发展的一个重大趋势。模糊数学理论是一种应用范围极广的综合评判实用方法,在实际生产生活中广泛应用于各个方面,其范围不仅仅局限于安全评价领域。在安全评价中引入模糊论为探索普适性的通用评价方法找到了一个很好的发展方向。

总的说来,纵观几十年国内外在安全系统工程之下开展的安全评价研究实践,主要集中在机械、冶金、采矿、化工、航空、航天、能源等行业的工厂企业生产部门,建筑业虽也有涉及,但研究的焦点均集中于生产施工安全,且各行业均较独立地展开研究。因此,评价的方法虽多但也存在专业性较强、面域过窄的弱点,缺乏普适性的通用体系研究。但运用安全系统论的研究思路和以模糊数学理论为代表的定量评价方法引入无疑是正确的,是当代安全评价科学发展研究的一个重要趋势。

第三节　建筑环境评价理论

从建筑学的角度来看,安全评价在与建筑相关的评价类型中属于建筑环境类评价,即关于建筑安全环境的评估。对建筑进行安全评价研究,提高建筑的本质安全性,最终目的是为使用者提供一个更为安全的空间环境。因此,可以视之为建筑环境评价中的一个分支研究。其评价方式方法的建构应当借鉴已有的建筑环境评价理论。

一、国外建筑环境评价沿革

建筑环境评价理论和实践已有 40 余年的历程,以 20 世纪 60 年代使用后评价(Post – Occupancy Evaluation,POE)在西方建设过程中成为必要的程序为标志,主要经历了三个发展阶段。

(一)建筑环境评价的发展初期(20 世纪 70 年代以前)

20 世纪 50 年代末至 60 年代初,西方各国已经普遍度过了第二次世界大战后的恢复时期,经济开始起飞,科技迅猛发展,城市人口激增,这一切使建筑业面临着前所未有的大规模营造活动。建筑工业化的迅速发展,是当时建筑业的一个重要特征,而传统的建设程序、营造方式在建造速度、建设质量方面均不能满足要求,人们对建筑质量的要求却不断提高。建筑环境评价正是在此背景下发展起来的。

20 世纪 60 年代后,西方建设过程中的使用后评价(POE)和建筑计划中的现状预测评价成为一个完整的建设程序不可缺少的部分,其主要目的是为设计或决策提供科学可靠的信息,使建筑师更全面地考虑所面临的问题,并促使使用者参与设计。

总之,这一时期的建筑环境评价已确立了科学化的观念和以人为中心的价值取向,并注意吸收相关学科的成果而逐步发展起来。但实践多限于功能较单一的建筑类型,如大学生宿舍、住宅、老人院等。

24

（二）建筑环境评价的成熟期（20 世纪 70 年代至 80 年代）

20 世纪 70 年代末至 80 年代中期，建筑环境评价的理论和实践达到一个高峰。首先，从理论上建立了相对完善的一套评价理论方法体系。如在主观评价方面，姆斯（R. H. Moos）的护理环境评价标准程序、克雷克（K. H. Kraik）的景观评价方法、英国心理学家坎特（D. Ganter）的场所评价元理论、加拿大心理学家吉福德（R. Gifford）的居住满意度模型等。普莱塞（W. F. E. Preiser）等人于 1987 年所著的《使用后评价》（Post - Occupancy Evaluation）一书，代表了一个理论高峰。

由于受到系统论、信息论等新科学技术思想的影响，建筑环境评价从定性描述转向精确的系统研究方向发展，环境心理学的许多理论性的实验结果也更多地被应用于评价实践当中。例如，弗雷德曼（A. Friedman）等人提出的"结构—过程"评价方法，就有系统科学技术思想的痕迹。

这一时期的评价实践发展到在客观评价的基础上对多种复杂功能的建筑类型和城市大尺度空间环境的主观评价，包括办公楼、医院、图书馆、学校、大尺度的景观以及政府和军队的建筑设施等。评价因素从过去以客观硬指标或软指标为主，转向注重软硬指标相互关系的研究。

20 世纪 70 年代后，建筑环境评价开始形成规范化的体系，这与有关机构的政策性鼓励是分不开的。例如，1974 年，美国景观建筑师学会建议在环境设计和规划专业中开设环境评价的研究课题；美国公共设施局和澳大利亚、新西兰有关主管部门都为政府投资的建筑项目进行的 POE 制订了程序，包括对学校、办公楼、住宅区等；美国公共设施局 1975 年制订了关于办公建筑的 POE 标准（Office - System Performance Standards）。

总之，20 世纪 80 年代是西方建筑环境评价理论的成熟期，使用后评价和设计前期计划阶段的现状评价成为建设过程的标准程序。

（三）建筑环境评价的多元整合发展期——近年的发展趋势

20 世纪 80 年代后，多元思潮对环境评价的影响，使建筑环境评价在理论上更多地受到相关学科的影响。在认识论方面，自然科学的方法不再被认为是唯一合理的研究方式，社会科学的许多方法被更多地运用于实际研究中。

近几年,一方面努力使原有理论和实践经验进一步深化,并探索更为综合化、普适化、适应性更强的理论和方法体系。另一方面则在具体研究兴趣上趋向研究复杂性的主观评价,以及硬、软指标相结合的综合评价理论,涉及学科的综合化程度也进一步提高。

在实践上,所研究的环境类型从早期的宿舍、老人公寓、医院,到后来的办公、商业、娱乐设施,直至城市空间和整个城市环境范围,已经涉及可持续发展建筑和生态建筑的评价,技术上也开始利用高技术手段,如计算机虚拟现实辅助评价、GIS 系统的辅助评价等,还开发有相关的计算机软件。随着建筑市场的成熟,评价工作已经完全商业化,有许多专业公司从事建筑环境评价、POE 等方面的咨询工作。

归纳国外建筑环境评价的研究特点如下:

(1)实践的推进使评价理论和方法研究呈现多样化。理论上一方面是探索更为综合化、普适化的评价理论和方法,另一方面研究复杂性的主观评价越来越受重视,评价实践的兴趣更加广泛,并出现评价方法上的多元竞争局面。

(2)系统原理和信息技术(如 Internet、多媒体技术、虚拟现实技术、GIS)等新科学技术影响评价的程序和手段,它们开始结合到评价方法中。

(3)评价范畴和范围扩大。从评价与建设过程的时间关系上看,不仅仅是使用后评价(POE),还有设计前评价、设计后评价和建设实施中评价,从评价的类型看,几乎涉及了所有建筑类型。

二、国内研究现状

20 世纪 80 年代初,我国学者开始涉足建筑环境评价领域,但实践上也处于不自觉的理论吸收阶段。20 世纪 90 年代后,有许多学者特别是青年学者涉足此领域,并在理论和实践上均有不同角度的探索,也取得一定的成绩。目前,我国在该领域尚处于起步阶段。

(一)质化研究阶段

哈尔滨建筑工程学院的常怀生先生于 1982 年开始在国内传播环境评价理论。他的译著《环境心理学》中有关于日本环境评价实践的介绍,但尚未形成广泛影响。另一方面,常先生也在系统介绍使用后评价(POE)的基本原理和操作方法与程序。在《室内环境设计与心理学》一书中介绍了 POE 理论和方法,也主要是日本的成果,较偏重客观物质环境的评价。

杨公侠先生也是较早涉及此领域的国内学者之一,在环境评价理论的推广和实践方面都做了大量的工作。他结合视觉环境进行过许多环境评价研究。在理论上他重点介绍英国学者坎特(D. Canter)的"目标场所评价理论"和"块面"评价法,通过指导研究生及参与环境评价实践、结合地方情况做了一定范围的评价应用方法探索,有《环境心理学的理论模型和研究方法》、《上海居住环境评价》等研究成果。

饶小军先生在《国外环境设计评价实例介评》中,介绍了国外 20世纪 80 年代的环境评价实例及其有关评价方法。

胡正凡和林玉莲先生在"环境—行为"理论研究的基础上,利用认知地图对校园环境(清华大学和华中科技大学)、风景区质量和城市环境质量做了评价研究,探讨环境的公共意象要素,为设计提供指导性建议,并利用"语义差异法"做了校园感觉品质的评价研究。其研究方法主要基于社会学模式,采用了凯文·林奇(Kevin Lynch)在其所著《城市意象》一书中五要素进行研究,基本上还是定性的分析方式。他们在《环境心理学》一书中,还介绍了 POE 的一些基本知识和特点。

(二)量化研究阶段

陈青慧等的《城市生活居住环境质量评价方法初探》提出建立完备评价因素集的思想,并尝试了社会调查方法和基于统计的量化分析方法。

吴硕贤先生于 1990—1993 年在国家自然科学基金和浙江省自然科学基金的资助下,以人群的主观评价为研究核心,利用量化方法进行居住区环境质量评价。他在建立较完备的层次结构评价因子模型的基础上,发展了利用多元统计分析法、层次分析法求权重,利用模糊数学方法进行建筑环境综合评价的方法。

华东师范大学心理系俞国良、王青兰、杨治良等学者在吸收国外有关理论基础上,利用层次分析法建立居住区环境综合质量模型,利用社会心理学方法对上海和深圳 541 户居民进行抽样调查,在此基础上提出居住区环境质量评价模型。

总的说来,建筑环境评价在我国的发展现状可归纳为如下四个方面:

(1)建筑环境评价研究处于理论探索阶段,偏重于评价理论和方法的探索及国外理论体系的推介。

(2)建筑环境主观评价没有受到普遍重视。目前国内建筑学中的评价工作大都是探索设计方案的评价方法、客观物质环境的评价指标体系以及功能需求,缺少结合使用者心理行为、社会文化背景与建设技术的综合的评价研究。

(3)评价方法多以社会学范式的定性研究为主,科学系统的定量研究较少,而真正质量结合的研究更少。

(4)具体评价方法的理论研究方面仍十分薄弱,实践中只能引用相关学科如社会学、环境心理学中的片断方法,没有符合国情的、系统化的、实用化的评价方法体系。

第四节　住区建筑环境的构成要素

住区建筑环境包括建筑外部环境和住区建筑内部环境。住区建筑外部环境,就是指围绕着主体的周边事物或者说要素,是住区居民和生物的外部生存环境,即具有相互影响和相互作用的外部世界。住区建筑内部环境指主体的内部功能空间及要素。住区建筑环境既包括自然环境,也包括人工环境,还包括影响住区居民生活的社会环境和社区环境。

一、建筑外部环境的构成要素

住区建筑的外部空间环境从建筑学角度讲基于这样一个宗旨,即空间用地设计不仅仅是一个在地面上的二维空间式样的创造或是过去单纯沿着建筑周边布置植物,而是一个空间的三维组织。空间是外部环境生活的实体,所有组成外部空间环境的基本元素,植物、棚架、围栏、墙体、步道、建筑界面等其他结构应被看作组织元素来对外部空间环境进行限定,还应利用这些组成部分限定和创造住区突出的特点和基调。

　　环境空间是用来形容环境中的边线或边界所形成的三维空处或空洞。边界可以被形容成"将无限定空间进行划分和限定的空间要素,以'隔断性'为特点"。一般情况下,环境空间是通过边界来限定的,边界直接影响人们对空间的利用并形成领域感、空间感,能创造出对领域性、私密性、识别性等有较高要求的群体和个人需要的空间,提示空间的占有程度并为使用者带来安全感。环境空间由三个基本面组成,即顶面、底面、垂直面,相对于室内环境空间来讲,室外环境空间围合的元素有了更多的变化和选择。可以通过对空间要素的配置及造型来限定空间、加强边界,同时兼顾人的活动。住区建筑外部空间环境的边界形式通常有四种。

　　(1)借助地面的变化(见图2.4)或借助种植(见图2.5)划分外部空间环境的边界,该边界上具有多个出入口。这种空间欢迎人们抄近路或在其中逗留。当人们身处其中时,会觉得自己处于"内部",而其他人处于"外部"。在这种空间环境之中,人们要小心绿化或者空间边界所带来的安全隐患。

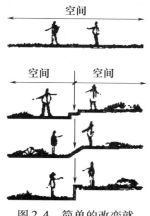

图2.4　简单的改变就
创造了空间的边界

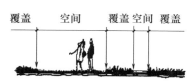

图2.5　在没有围合面的空间中,
灌木暗示了边界

　　(2)借助构筑物划分边界,如墙或门,或者是建筑的边界的围护,所围合的空间有很强的领域感,在这种空间中,人们要设置好内部的环境以保证人员在其中的安全。

（3）对于位于狭窄街道内部的空间领域，狭窄的入口和建筑似乎已经充分表达了它们之间的过渡，两侧是高层建筑所形成的狭窄空间，这种空间能给人以围护的安全感，但是如果内部设施缺乏以及人的视野不可及，在这种空间之中，往往会有安全隐患的存在。

（4）与上边情况相反的是平台型空间，一个宽阔的平台，装饰和摆设很少以防止人们无故逗留。相应的边界在这里也不需要，因为这种类型空间除了进出建筑物的人以外，不欢迎其他人进入。

空间的边界是决定空间内活动的人是否安全的重要因素。缺乏设计的边界因素会使空间变得没有活力，生活中我们发现人们普遍喜欢坐在空间的边缘而不是中间，空间的边缘或边界的处理对于建筑环境的安全与否至关重要。因此我们把建筑的外部环境构成要素分为水体、交通、绿化、广场等，后面章节中我们会以此分类来研究建筑外部环境的安全。

二、建筑内部环境的构成要素

建筑内部环境对于建筑外部环境来说，划分相对简单，对于建筑内部环境消防的安全，不在本书研究之内。本书计划把建筑内部空间划分为建筑出入口的安全和建筑的走廊、门窗、楼梯、电梯、有水空间和服务导向设施，第四章从这几个方面着手研究建筑内部环境的安全设计。

第三章　住区建筑外部环境安全设计

建筑外部环境的安全,即保证人不受制于外界对自己活动的限期和强迫,从生活情感与兴趣出发,保证人身安全,自由地在空间中支配时间,支配活动,追求自我表现与满足。使个人行为在空间安全保证前提下可以尽情发挥。

住区建筑外部环境空间,包括广场、道路、绿化、水体以及其他场地等,是向居住者开放的环境空间。住区建筑外部环境的安全是保证居住者生活安全,满足人们在自由时间里按自觉自发的方式进行畅神养性、缓解疲劳等多种逸乐活动所需求的住区环境。

从住区外部环境空间的构成要素来看,住区建筑外部环境安全设计包括如下几个方面。

第一节　水环境安全设计

在众多的建筑环境安全隐患中,水环境的安全隐患也是不容忽视的。我们知道水环境是建筑环境中非常重要的构成要素之一,在住区环境设计中,水环境能起到画龙点睛的作用,使其具有灵气。但是正因为如此,水环境的安全隐患也日益突出,因此,如何使水环境空间营造更科学、更安全,是我们当前所需要面对的水环境规划与设计的重要课题。

一、临水空间安全隐患

（一）在规划设计时减少安全隐患

在住区规划或改造设计中,为了追求景观环境的多样性和灵动性,水体的引入是创造美丽环境的必要因素之一,也是体现生态性原则、大面积提高绿化率的重要手法,从某种程度上水环境的有无、面积的大小成为评价住区生态环境的重要标准。大量采用水体,是现代住区规划中普遍存在的现象。正因如此,也出现了许多不必要的住区建筑安全隐患。

因为美化环境的需要,在规划设计时,有时住区的主干道、次干道穿过水面、湖区,汽车一旦发生意外,就很容易栽入水中,而如果路边是绿化或其他铺地,危及生命的隐患就会小得多。在人流密集的场所设有水体,在休闲广场设置水面,这些都有可能为住区安全事故埋下隐患。

(二)防护设施的尺度问题

亲水是人的本性,住区中临水空间是休闲最易接近的地方,是人们喜爱的晨练、休憩、沉思的场所。

在这些临水的场所中,防护措施的设置是必不可少的,特别是有景观小品,如亭、台、桥的地方。但在实际景观构造中,有的防护达不到人体尺度的要求,在人们倚靠、坐、扶的时候极有可能发生意外,如图 3.1 所示。

图 3.1　某水环境防护栏杆防护高度不够

防护设施未达到其功能的要求也是极其严重的设计缺陷,有些设施只是成了摆设,实际并未起到保护的作用,反而使人心理上产生错误的判断,有可能产生危险的后果。在设计中要保证防护措施的尺度满足人体工程学的要求,为住区创造舒适、惬意的水环境,让居住者在工作、训练之余有个良好的休闲场所。

（三）滨水界面的处理

在水环境设计时，不但要保证水环境的安全，还要创造适合人们亲近水环境的空间环境。为了追求水环境的亲和性，临水空间设计为接水空间，常常是逐层延伸至水面。接水空间是人最易接近水的地方，也是人最容易驻足、试图靠近水的地方。如图 3.2 所示，由石块组成的台阶，人们能方便地接近水，即使人在戏水的时候，不小心掉入水中，人也能顺利地爬上来，因为有台阶的作用，水是一步一步变深的，不至于使人直接掉入深水中，台阶的存在，减少了人失足后滑入深水的可能。图 3.2 和图 3.3 所示的设计理念是一样的，这两种都能保证人们亲近水面，同时也基本能保证人身安全。

图 3.2　水环境岸边处理　　　图 3.3　某水环境岸边处理

如图 3.4 所示的某住区的水环境处理，设计上存在明显的安全隐患，首先是这个水体的防护处理的高度不够，其次是防护的方式有问题。这个水环境的处理，初衷可能是希望人们能亲近水环境，能坐在水边休息、戏水等。但是如果人坐在此处，有可能不小心滑入水中，因为水深岸高，再加上岸边的瓷砖也不是防滑瓷砖，人掉入水中后不容易爬上来。从安全设计的角度讲，建议增设符合安全高度要求的透空栏杆，这样人

图 3.4　某住区水环境

坐在岸边台阶上才有安全感,也不影响人亲近水体,同时,人坐在岸边也可将栏杆作为靠背,不失为一举两得。

二、水环境安全设计原则

(一)整体性原则

在住区规划中,水环境及其周围环境的设计,应在住区或小区总体规划指导下进行,从整体上把握社区规划的基本态势,应是住区总体规划的延伸和拓展。了解基地的地质状况,在规划设计中,审慎处理,避免出现与住区主、次干道的交叉,避免在人员密集区的场所设置水环境,合理组织,从规划层次上排除隐患,形成功能合理、景观优美、安全保障的住区环境。

(二)人性化原则

住区的景观环境都必须以使用者为中心,以他们的行为作为模数和参照,形成完善、安全、舒适的,供人们学习、交流、聚散、步行休闲、文化娱乐、夜间照明及生活的环境。水环境的设计应完全遵照人性化这一原则,按照人的尺度合理设计,严格设计,将安全放在第一位,使空间尺度舒适、安全、方便。对使用者无微不至的关怀,让人们在住区生活中感受到自然的亲和力与人文的魅力,如图3.5所示。

图 3.5　某居住小区水环境

（三）点、线、面的空间脉络原则

住区规模庞大，景观环境更是无处不在，在住区中布置水体景观，在从宏观上把握水环境安全设计的基础上，应在具体水体景观设计方面，从细部入手，结合点、线、面等手法合理组织尺度和空间脉络，安全、方便居住者就近休息和交流，成为住区环境绿化设计的有机组成部分。

（四）可识别性原则

在合理设计水体景观环境时，应最大限度地将事故防患于未然，由于使用者不定，人员众多，应建立识别特征，易于辨认。同时应加强住区居民的思想意识，有防患之心。

在住区环境建设中，水环境的安全设计是现时住区安全问题中应该着重关注的地方，水环境是景观环境中最能美化住区、点缀住区环境的因素，若在这样景致宜人的地方发生了我们都不想见到的事故，势必会十分遗憾。

第二节　交通环境安全设计

在建筑的周围，一般种植绿化，修建停车场等。住区建筑周围交通环境的安全也是需要引起重视的。行车的视距，道路的交叉都会影响到道路环境的安全。住区交通环境的安全设计，不但要考虑道路车行安全，而且更要考虑道路设计对人行安全的影响。

一、道路设计的线形分析

在道路安全设计中，要关注车辆的行驶问题。行驶中的汽车其导向轮旋转面与车身纵轴之间有三种关系，即角度为零；角度为常数；角度为变数。与上述状态对应的行驶轨迹为：曲率为零的线形——直线；曲率为常数的线形——圆曲线；曲率为变数的线形——缓和曲线。道路平面线形正是由上述三种线形，即直线、圆曲线和缓和曲线构成，称之为"平面线形三要素"。当道路的平面线形受地形、地物等障碍的影响而发生转折时，在转折处就需要设置曲线或组合曲线，曲线一般为圆曲线，为保证行车的舒适、安全，对于设计车速低的道路，为简化设计,也可以只使用直线和圆曲线两种要素。各要素使用合理、配置得当,可满足道路安全要求。

直线是平面线形中的基本线形。直线以最短的距离连接两目的地,具有路线短捷、缩短里程和汽车行车方向明确、视距良好、行车快速、驾驶操作简单的特点,同时,直线线形简单,容易测设。另外,直线路段能提供较好的超车条件,对于住区双车道的道路有必要在间隔适当的距离处设置一定长度的直线。但是直线道路在住区设置也不能尽可能的长,因为在直线道路上,司机容易高速行驶,这是一个致命的隐患。在建筑周围的道路转折处,在道路的交叉处,需要设计成有曲率的道路,一般是设置成缓和曲线道路,缓和曲线道路在直线道路与圆曲线道路间或不同半径的两圆曲线道路之间,它的作用是缓和人体感到的离心加速度的急骤变化,且使驾驶员容易做到匀顺地操纵方向盘,提高视觉的平顺度,保持道路的连续性。缓和曲线道路容易适应地形、地物,增加道路设计的自由度。

二、弯道的超高与加宽

住区道路设计,很多时候都是追求平整,在弯道上如果也追求全部是平的,这在道路安全上就是不正确的。大家都知道高速行驶的车辆,在转弯的时候会有一个离心力,有过开车经验的人肯定也会有体验,就是车在转弯的时候,人的身体会有一个向外拉的力,这个就是离心力。为了抵消车辆在曲线路段上行驶时所产生的离心力,在路段横断面上设置的外侧高于内侧的单向横坡,称之为超高。

当汽车行驶在设有超高的弯道上时,汽车自重分力将抵消一部分离心力,从而提高行车的安全性和舒适性。对于超高多少和如何超高,这个是非常专业的问题,在此不做深入分析。

汽车在曲线路段上行驶时,靠近曲线内侧后轮行驶的曲线半径最小,靠近曲线外侧的前轮行驶的曲线半径最大。为适应汽车在平曲线上行驶时,后轮轨迹偏向曲线内侧的需要,在平曲线内侧相应增加的路面、路基宽度称为曲线加宽。圆曲线上加宽值与平曲线半径、设计车辆的轴距有关,同时还要考虑弯道上行驶车辆摆动及驾驶员的操作所需的附加宽度,因此,圆曲线上加宽值由几何需要的加宽和汽车转弯时摆动加宽两部分组成,如图3.6所示。当平曲线半径≤250m时,一般在弯道内侧圆曲线范围内设置全加宽,当其平曲线内无圆曲线(凸形)时,仅在平曲线中点处断面设置全加宽。为了使路面和路基均匀变化,设置一段从加宽值为零逐渐加宽到全加宽的过渡段,称之为加宽缓和段。如图3.7、图3.8所示,加宽缓和段(或超高缓和段)范围内,如无缓和曲线和超高缓和段,则应另设加宽缓和段。

在道路设计中,加宽缓和段长度取决于以下三方面的要求:

(1)加宽所需的最小长度。

(2)超高缓和段长度。

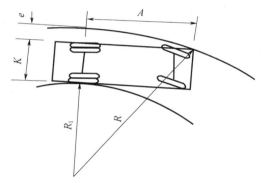

图3.6 单车道加宽

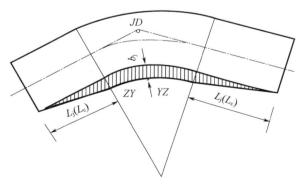

图3.7 加宽双车道 - 单圆曲线

37

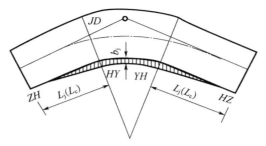

图 3.8　加宽双车道 – 基本线

（3）缓和曲线长度。

设置缓和曲线或超高缓和段时,加宽缓和段长度采用与缓和曲线或超高缓和段长度相同的数值。不设缓和曲线,加宽缓和段长度取超高缓和段长度,其渐变率不小于 1 : 15,且长度不小于 10m。此时,超高、加宽缓和段一般设于紧接圆曲线起、终点的直线段上。在地形困难地段,允许将超高、加宽缓和段的一部分插入曲线,但插入曲线内的长度不得超过超高、加宽缓和段长度的一半。

三、道路视距

所谓视距,是指从车道中心线上 1.2m 的高度,能看到该车道中心线上高为 0.1m 的物体顶点的距离,是该车道中心线量得的长度,如图 3.9 所示。规定视距标准是为了保证行车安全,使驾驶员能随时看

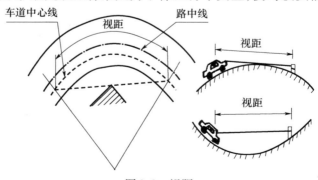

图 3.9　视距

到汽车前方一定距离的道路,以便发现前方障碍物或来车时能及时采取措施。在平面上,弯道内侧有挖方边坡或障碍物、纵断面上的凸形竖曲线处以及路线交叉口附近,均有可能存在视距不良的问题。在道路设计中保证足够的行车视距,是确保行车安全、快速、增加行车安全感、提高行车舒适性的重要措施。

　　汽车在弯道上行驶时,弯道内侧行车视线可能被树木、建筑物、路堑边坡等障碍物所阻挡而使行车视距受到影响。因此,在路线设计时必须检查平曲线上的视距是否能得到保证,如有遮挡时,则必须清除视距区内侧的障碍物。在平直的道路交叉口上,建筑物、树木、边坡也可能遮挡视线而影响视距,如图3.10所示的某住区的道路,在丁字路口处,交叉口的两侧都种植了树木,同时还有高差,影响了转角处过往车辆的视线,从右侧来的车辆很难看到从丁字路过来的车辆,特别是过来要左转的车辆,在此会车存在一定的安全隐患。

图3.10　某住区道路

　　在道路交转角处,由于较大高差、挡土墙或者绿化植物遮挡视线的情况下,两侧来往的车辆无法看到另一条道路上的车辆和行人,正常的视线得不到保证,如不处理,在交叉口同时有车转弯时,很容易发生交通事故。在这种受地形限制或者有其他遮挡物遮挡视线的道路上,建议安装广角镜。如图3.11所示,在直行道路上直接分为两条平行的道路去不同的方向,两条道路中间还有围墙和树木遮挡物,为了使在两条平行的道路汇到门口的时候能相互看到,在会车的地方安装广角镜,如此使两边的司机能提前发现可能和自己同时到达的车辆,避免交通事故的发生。

图 3.11　某住区道路交叉口

四、道路坡度

用曲面沿道路中线竖直剖切,展开成平面,称为道路的纵断面。反映路线在纵断面上的形状、位置及尺寸的图形称为路线纵断面图,它反映路线所经地区中线之地面起伏情况与设计标高之间的关系,它与平面图、横断面图结合起来,就能够完整地表达道路的空间位置和立体线形。纵断面线形设计应根据道路的性质、任务、等级和地形、地质、水文等因素,考虑路基稳定、排水及工程量等的要求,对纵坡的大小、长短、前后纵坡情况、竖曲线半径大小以及与平面线形的组合关系等进行综合设计,从而设计出纵坡合理、线形平顺圆滑的理想线形,以达到行车安全、快速、舒适的目的。

道路纵断面设计与选线有密切的关系,实际上在选线过程中已做了纵坡大小、坡长分配、纵面与平面配合等的考虑,纵断面设计是将选线的预想具体化,因此,可以认为纵断面设计是选线工作的继续和深化。当然,在纵断面设计过程中还将对选线的预想做一些适当的修正,如果在选线过程中对纵坡考虑不够,就可能改线。

在具体设计住区道路纵坡时,需了解一些关于纵坡的基础知识。第一,对住区路基设计标高的规定。对于新建公路、高速公路和一级公路采用中央分隔带外侧边缘标高,二、三、四级公路采用路基边缘标高,设置超高和加宽路段则是指在设置超高加宽之前该处标高;对于改建公路,一般按新建公路的规定办理,也可以采用中央分隔带中线或行车道中线标高。对住区道路而言,路基设计标高一般是指车行道中心。第二,纵坡度的表示方式不用角度,而用百分数,即每一百米的路线长度其两端高差几米,就是该路段的纵坡,其上坡为"+",下坡为"-"。例如,某段路线长度为80m,高差为-2m,则纵坡度为-2.5%。第三,一般认为道路上3%的纵坡对汽车行驶不造成困难,即上坡时不必换挡,下坡时不必刹车。对于小于3%的纵坡,可以不作特殊考虑,只是为了排水的需要,一般要有一个不小于最小纵坡的坡度。如果排水上无困难,可以用平坡。但是采用了大于5%的纵坡时,必须慎重考虑,因为纵坡太大,上坡时汽车的燃料消耗过大,而下坡时又必须用刹车,重车或有拖挂车的车辆都易出事故,对运输经济与安全极为不利。在《民用建筑设计通则》中,对建筑基地地面和道路坡度有具体的规定。

五、住区道路安全设计的原则

住区道路的行车安全,是保证住区道路交通顺畅,减少交通事故的前提,在住区内,我们要做到道路安全设计,建议坚持以下的几点设计原则。

（1）保证道路宽度和转弯半径的需要,保证会车安全;

（2）保证道路的视距要求,避免因视线遮挡而引发交通事故;

（3）设置合理的坡度要求,机动车与非机动车混合行驶的车行道,宜按非机动车爬坡能力设计纵坡度;

（4）与建筑有效结合,满足建筑外部交通的需要。

第三节　绿化环境安全设计

一、绿化环境设计的理论基础

绿化环境,从生态上讲,构筑相互交错、相互联系的系统,使其产生良好的生态防护功能,为人类、为其他生物提供生存的庇护;从形态上讲,创造一系列连续变化的绿化空间,符合美学要求的抑扬顿挫、开闭有致的空间环境,使人居环境掩映于绿树丛中,为人类的视觉提供一个赏心悦目、富有生机的绿色世界;从文态上讲,以绿化为环境,为保存人类文化的延续提供一个安全的理想环境,以绿化为载体,使人类的优秀文化通过绿化环境景观的形式向后延绵;从心态上讲,塑造地域的整体形象,体现地域意象的绿色环境,创造适于人居、便于利用、健身、休闲、交往、安全、愉悦的人性化环境。生态、形态、文态、心态四位一体的绿化环境,是当代理想人居环境的基础。

（一）绿化环境设计的生态原理

绿化环境景观,是研究人类城市化进程中各类绿化系统的构建、修复、完善过程的生理、生态过程,这些生态系统,既包括自然生态系统,又包括半自然、半人工生态系统,还包括纯粹的人工生态系统。宏观上,研究廊道、缀块、基质之间的组合、结构、过程与格局的规律,并以此规律进行其空间的重新组合,这种组合与空间的调整,既要为人服务,同时考虑非生物的因素,还要为自然界的生物服务。中观上,构建天人合一的地域空间综合体,使人、动物、植物、微生物乃至自然要素和人工要素处于一个和谐的人居环境生态系统之中。微观上,营造以人为核心的绿化环境空间,合理组合山石、水体、植物群落和景观建筑,使其达到和谐自然。因此,绿化环境规划是沟通人与自然的途径和手段,是景观生态学认识人类生存环境的理论延伸与技术应用。

环境绿化,必须构建相互联系的网络才能体现系统的整体功能。作为一个稳定高效的系统必然是一个和谐的整体,各组分之间必须具有适当的量的比例关系和明显的功能上的分工与协调,才能使系统顺利完成能量、物质、信息、价值的转换功能。绿化环境景观规划、建造过程中一个重要任务就是如何通过整体结构的协调而实现人工生态系统的高效能。

景观生态系统是绿化设计的基本单元,也是绿化设计基于生态学原理研究的起点。无论设计的对象是大还是小,都可概括为生物和非生物两大部分。一个亭子的设计,最主要的功能是解决景观形态上的看与被看的问题。在生态学家看来,亭子的建设,对其基础下微生物的影响,对周围植物的影响,对水系的影响,对地形的利用,均是需要考虑的因素。如果把亭子与其环境作为一个系统研究,则生态系统的整体性原则为这一景观设计提供了分析的基本方法。生物多样性是当前一个得到世界关注的问题,是可持续发展的一个重要前提。因为,任何一个生物种群都不可能脱离开其他生物种群而单独存在。绿化环境景观建设,为了保证系统的稳定和提高系统的效益,必须提高绿化环境景观中的生物多样性。绿化环境景观规划,必须充分考虑人工生物群落生物的多样性生存环境。

　　住区是一个过度人工化的非平衡生态系统,各种建筑物形成了不同的生境条件,有的形成极其恶劣的环境条件,有的形成利于植物生长的环境条件。如建筑物向阳一侧,形成了良好的冬暖气候,为本来难以越冬的低纬度植物改善了环境;建筑物的北面,形成大量不见阳光的遮荫空间,非常适于阴生植物的生长,如图 3.12 所示。绿化环境景观规划要充分考虑不同的位置条件,因地制宜地配置植物,使其形成一个种群分布合理,空间得到有效利用的、相互联系的整体。

图 3.12　某建筑北面绿化

（二）绿化环境设计的形态原理

　　我国古代住区选址常以“负阴抱阳,冲气以为和”为指导思想,取背山面水为基本格局。其风水模式为“背负龙脉镇山为屏,左右砂山秀色可餐,前置朝案呼应相随,天心十道穴位均衡,正面临水,环鬼多情,南向而宝贵大吉”。其核心是创造人与自然共生的良好环境,即绿色生活空间环境。风水理论提出"生气形，土色是观"的基本方法，气与土的关系就是绿化与土壤的关系，要求"地有佳气，随土而生。山有吉气，因方而上，气之聚者，以土沃为佳，山之美者，以气而吉"。好土生好林，好林护好土。这些均是说明以绿化为构成的生态系统在改善我们的生存环境中所起的重要作用。

绿化形态是绿化环境的外在表现，是构成绿化环境的形式、空间、秩序、尺度、比例、色彩与质地等的总称。

绿化环境景观是视觉审美的客体，是住区组成的一部分，是住区空间环境的延伸；作为庇护的栖居地，是内部人的生活体验，绿化把具体的人与具体的场所联系在一起。绿化是由场所构成的，而场所的结构又是通过景观来表达。与时间和空间概念一样，场所无所不在，人离不开场所，场所是人在地球和宇宙中的立足之处，场所使无变为有，使抽象变为具体，使人在冥冥之中有了一个认识和把握外界空间和认识及定位自己的出发点和终点。

（三）绿化环境景观设计的文态原理

文态是一个地域或住区文化的总体特征与内涵，包含地域物质形态与人文风貌，是历史得以发展的灵魂与根。对于有 5000 年灿烂历史的文明古国，保护好我们的文态环境具有更为重要的意义。其中依靠建筑为主而构成的，占据巨大空间的住区文态环境是直接反映一个住区形象最重要、最突出的文明标志。生态环境有净化和污染之别，文态环境也有文野之分。不可能设想一个住区仅仅生态环境良好，完全达标，而文态环境不好，它会成为完美而有特色的文明住区；完美和有特色正是住区文化的灵魂所在。

住区的文态环境就是以建筑整体布局为主导，以某种风格为基调，并且综合体现"美的秩序"的住区文明环境。它是由住区的建筑、道路、水系、山体和绿色植物组成的物质形体空间与住区内的人群的各种活动的内容所组成。对于有形的物质形体，是看得见、进得去、用得着的住区物质环境实体。同时又是托物寄情，寓神于形，内涵丰富，能够动人于情、启人回忆、联想，导致审美，或纪念教育意义的，足以依托精神文明与诱发精神文明的住区环境。换言之，文态环境就是融物质文明与精神文明为一体，形神兼备，凝聚历史和积淀文化的地域环境一个地域文态环境的优劣,固然取决于地域的建筑风格与建筑围合的空间以及历史遗留下的文物古迹,但以绿色植物为主体构成的绿化系统空间在塑造地域文态风貌方面则是其他任何要素或空间均无法替代的,随着人类物质与精神文明程度的日益提高,绿化系统在构成文态环境中的作用也日益重要。绿色植物在建筑外部环境组成、烘托环境氛围、维持地域的文化特色、保持住区内山体的形态以及构成住区可融入空间都具有物质与精神的积极意义。

(四)绿化环境景观设计的心态原理

人对景观的感受源于复杂的景观美学与景观行为心理学的多重作用,美学思考关系到众多的文化、社会、哲学和科学命题,行为心理学则是建立在生物事实基础之上的人类对于环境变迁的心理反应,其注意力集中在探索作为个体或群体的人对直接的环境做出反应的方式,同样牵涉到广泛的社会学问题及其相关的科学领域。居住环境理论、观察与庇护理论、心理反应理论是当前人与环境行为关系的主要理论,构成了人与环境关系的主要内容。

绿化是构成人居环境的生态基础,其服务功能首先是对人的服务功能。绿化环境关心的更多的是人类身心健康的保护与整个人类生态系统的可持续发展问题,体现在绿化设计的有关问题有三:一是从社会学角度的关心与分享的思想探讨绿化环境如何设计成为人与人之间的相互理解与关爱的空间;二是人性化的设计,探讨不同环境、不同人群、不同层次、不同地域下的空间环境的特征设计;三是非人类中心主义下的绿化设计的形式与功能,即尊重自然的设计。

绿化环境景观设计旨在创造整体住区和谐环境,构筑住区灵魂,是住区生态、形态、文态、心态完全协调与统一的空间环境设计。绿化环境在支持创造生态、形态、文态、心态和谐的人居环境方面肩负着重要使命。其一,绿化环境创造了住区居民赖以生存的户外活动空间,体现了以人为本的概念规划思想;其二,绿化环境为住区提供了大量的开敞空间,预留了住区发展的弹性绿化,创造了住区可持续发展的空间;其三,以区域的角度探讨住区绿色空间互动的理论与方法,为住区和谐共生提供了保障;其四,绿化为住区增加了宽容性,使居民生活与工作在绿色环境中,溶解了住区、溶解了建筑,增加了住区的可达性。以人为本原则、舒适性原则、个性化原则、社交性原则、安全性原则是其基本原则。

二、住区绿化环境安全设计理念

(一) 人与自然和谐

人与自然和谐发展，是我国古代城市生态建设的核心理论，即"天人合一"思想，人与自然和谐就意味着人类在采取积极的行动，顺应自然规律，尊重自然生态法则的前提下，得到了大自然的良性回报。这种和谐是人与动物、植物、环境和气候的整体和谐。党的十六大也提出了全面建设小康社会，实现人与自然和谐的生态建设目标。我们住区的环境绿化设计也要尊重人与自然的和谐发展。

对照瑞典、芬兰一些近自然国家，在治林和治绿上都表现为尊重自然、保护自然的强烈意识以及遵循自然规律、自然地理、地形和生长状况的近自然经营法则。人们尽情享受大自然的熏陶。

绿化带作为住区的基础性设施建设，是住区建设的重要组成部分，因此，在规划建设中要大力提倡人与自然和谐发展的设计理念，追求自然、回归自然的状态，同时提高大众的生态环保意识，减少对植被的破坏，加强热爱自然、亲近自然的观念，实现人与自然的和谐相处。

(二) 设计遵从自然

自 20 世纪 60 年代美国著名景观规划师麦克·哈格提出"设计遵从自然"的景观规划思想，并进行了大量的设计实践以来，尊重自然过程，依从自然的设计理念和方法已被国际城市设计和景观设计界普遍接受和应用。自然界在长期的自然适应、竞争直至稳定的过程中，每一种自然过程都会出现独特的自然适应形式，表现在地形、植被等自然要素及其组合结构中。因此，设计遵从自然过程就是要认识到：第一，各种自然过程都具有自我调节功能，设计的目的在于恢复或促进自然过程的自动稳定，而非随心所欲的人工控制；第二，各种自然过程都有其自然的形式与之适应，设计中应善于发现并充分利用这些自然形式，而非天马行空的形式构图。因此，在住区绿化带区域绿化环境的设计中就是要依托住区自然地形地貌，结合住区风貌、结构特征、植物的生态、组景和美学作用，使绿化环境景观设计最大程度的发挥"虽由人作,宛自天开"的水平。

（三）因地制宜原则

不同地区的住区发展历史、绿化基础、自然条件都不相同,在住区对绿化环境的绿地面积、数量、空间格局等绿化指标和空间形态进行规划设计时,要从实际的需要和可能出发,合理配置各类型绿地,做到重点突出,均匀分布,使绿地类型结构、格局和比例要与当地的自然特征和经济发展相适应,充分发挥生态、社会、经济三大效益,达到绿地景观的整体优化利用。同时要充分利用周边的自然环境资源,确定适宜的森林结构,选择应用具有主导功能的树种,重视使用乡土树种和地带性植被,突出地方特色,不盲目模仿移植,不片面追求时尚,充分体现规划的现实性和可操作性,使之成为体现城市森林的个性与特色的主要载体。

（四）营造人性空间

现代化住区环境设计的趋向之一也应该着力寻找关心大众的需求,增强社区自豪感和空间识别性的途径,即通过物质空间的人性化设计为满足大众使用方便、心理平衡、社会交往和视觉舒适等方面的需求提供可能性和选择性(见图3.13)。住区绿化作为大众的休闲游憩场所,其绿化环境设计应是"以人为本"的环境设计,将空间环境设计与人的心理行为模式取得内在同构,从而使住区绿化环境充满人性,提高住区环境空间的宜人度、舒适感和人情味。

图3.13　某小区绿化环境

三、绿化环境设计的安全原则

在住区绿化中,我们不但要依靠上面的理论支持,同时也要根据实际情况有所变通,在树形的选择或者灌木的选择上,保证给住区一个安全、祥和的整体环境。在树形的选择上,其实还有很多需要注意的地方,比如,在道路交叉口,宜选择树干高大的乔木,不宜选择树干矮小、树冠距地低的树木,这样在道路交叉口会遮挡视线,满足不了住区道路对视距的要求。在十字交叉路口,或者在丁字路口,以及不利于视线到达的地方,要综合考虑,不要因绿化的存在而影响了道路交通的视距要求。同时,植物的配置也不应该对住区某一区域造成整体或大部分遮挡,否则,对在该区域玩耍的未成年人及其人身安全防范上会形成一定的隐患,如图 3.14 所示,某小区同一地点发生的两个事例。这样的空间需要尽可能地拓宽监护人的视野。为了保证大人视线的高度,植被设计和配置显得很重要。最好配置以灌木和乔木为主的植被,需要配置小乔木时,应尽量避免数十米队列似的栽植方式。

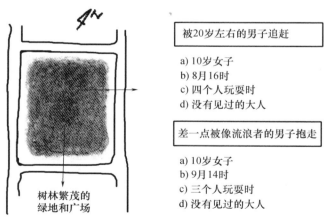

图 3.14　视线遮挡,孩子们容易受到伤害

总之,住区绿化环境的安全设计,是现代化建设所不容忽视的问题,我们要综合考虑可能存在的安全隐患,对已经存在的绿化环境进行必要的调查,从而建设一个安全的住区环境。

第四章 住区建筑内部环境安全设计

建筑物最初是人类为了挡风避雨和防备野兽侵袭的需要而产生的。当初人们利用树枝、石块这样一些容易获得的天然材料,粗略加工,盖起了树枝棚、石屋等原始建筑物;同时,为了满足人们精神需要,还建造门头、石台等原始的宗教和纪念性建筑物。随着社会生产力的不断发展,人们对建筑的要求也日益多样和复杂,出现了许多不同的建筑类型,它们在使用功能、所用材料、建筑技术和建筑艺术等方面,都得到很大的发展。建筑学作为一门内容广泛的综合性学科,它涉及建筑功能、工程技术、建筑经济、建筑艺术以及环境规划等许多方面的问题。一般说来,建筑物既是物质产品,又具有一定的艺术形象,它必然随着社会生产生活方式的发展变化而发展,并且总是受科学技术、政治经济和文化传统的深刻影响。建筑物——作为人们亲手创造的人为环境的重要组成部分,需要耗用大量的人力和物力。它除了具有满足物质功能的使用要求外,其空间组合和建筑形象又常会赋予人们以精神上的感受。随着科学技术的发展和人们对建筑的要求日益提高,建筑内部环境的安全也越来越被重视。

我们可以把一种病菌通过疫苗等形式让其从地球上消失或者仅仅存在于实验室,但是,现代事故的多样性,很难从根本上去杜绝。事故或疾病以各种各样的形式发生,我们需要用不同的治疗方式去避免或者防治。建筑内部环境所带来的安全隐患也是一样的,我们需要想方设法去避免,发现可能存在的安全隐患,我们要去防治。下面首先从建筑内部环境的建筑构造入手,分析我们生活中可能存在的隐患和处理措施。

第一节　建筑内部环境构造基础

一、建筑的分类

建筑一词有两层含义:一是作为动词,指建造建筑物的活动:二是作为名词,指这种建造活动的成果,即建筑物。建筑物有广义和狭义两种含义:广义的建筑物是指人工建筑而成的所有东西,既包括房屋,也包括构筑物;狭义的建筑物仅指房屋,而不包括构筑物。房屋是指有基础、墙、顶、门、窗,能够遮风避雨,供人在内居住、工作、学习、娱乐、储藏物品或进行其他活动的空间场所。构筑物是指房屋以外的建筑物,人们一般不直接在其内部进行生产和生活活动,如烟囱、水塔、水井、道路、桥梁、隧道、水坝等。本章主要把建筑物作狭义理解。作为使用人,对建筑物本身的基本要求是:安全、适用、经济、美观。其中:安全的最基本要求是不会倒塌,没有严重污染。适用的基本要求主要包括防水、隔声、保温隔热、日照、采光、通风,功能齐全,空间布局合理。

（一）按建筑物使用性质的分类

根据建筑物的使用性质,可将建筑物分为居住建筑、公共建筑、工业建筑和农业建筑四大类。工业建筑和农业建筑也叫生产性建筑,而居住建筑和公共建筑通常统称为民用建筑。居住建筑可分为住宅和宿舍两类。也叫非生产性建筑,住宅习惯上分为普通住宅、高档公寓和别墅。集体宿舍主要有单身职工宿舍和学生宿舍等。

公共建筑是指办公楼、商店、旅馆、影剧院、体育馆、展览馆、医院等。工业建筑是指工业厂房、仓库等。农业建筑是指种子库、拖拉机站、饲养牲畜用房等。

（二）按房屋层数或建筑总高度的分类

房屋层数是指房屋的自然层数,一般按室内地坪以上计算;采光窗在室外地坪以上的半地下室,其室内层高在2.2m以上(不含2.2m)的,计算自然层数。假层、附层(夹层)、插层、阁楼、装饰性塔楼,以及突出屋面的楼梯间、水箱间不计层数。房屋总层数为房屋地上层数与地下层数相加。

住宅按层数分为低层住宅、多层住宅、中高层住宅和高层住宅。其中,1~3层的住宅为低层住宅,4~6层的住宅为多层住宅,7~9层的住宅为中高层住宅,10层及以上的住宅为高层住宅。

公共建筑及综合性建筑,总高度超过24m的为高层,但不包括总高度超过24m的单层建筑。建筑总高度超过100m的,建筑不论是住宅还是公共建筑,均称为超高层建筑。

（三）按建筑结构的分类

建筑结构是指建筑物中由承重构件组成的体系。一般分为砖木结构、砖混结构、钢筋混凝土结构、钢结构、其他结构。具体来说,如以组成建筑结构的主要建筑材料来划分,可分为钢结构、混凝土结构(包括素混凝土结构、钢筋混凝土结构和预应力混凝土结构等)、砌体结构(包括砖结构、石结构、其他材料的砌块结构)、木结构、塑料结构、薄膜充气结构。如以组成建筑结构的主要结构形式来划分,可分为墙体结构、框架结构、深梁结构、简体结构、拱结构、网架结构、空间薄壁结构、悬索结构、舱体结构。

（四）按建筑施工方法的分类

施工方法是指建造建筑物时所采用的方法。根据施工方法的不同,可将建筑物分为下列三种:① 现浇、现砌式建筑;② 预制、装配式建筑;③ 部分现浇现砌、部分装配式建筑。

二、建筑设计的依据

（一）建筑平面设计

建筑物的平、立、剖面图,是这幢建筑物在不同方向的外形及剖切面的投影,这几个面之间是有机联系的,平、立、剖面综合在一起,表达一幢三度空间的建筑整体。建筑平面是表示建筑物在水平方向房屋各部分的组合关系。由于建筑平面通常较为集中地反映建筑功能方面的问题,一些剖面关系比较简单的民用建筑,它们的平面布置基本上能够反映空间组合的主要内容,因此,从学习和叙述的先后考虑,我们首先从建筑平面设计的分析入手。但是在平面设计中,始终需要从建筑整体空间组合的效果来考虑,紧密联系建筑剖面和立面,分析剖面、立面的可能性和合理性,不断调整修改平面,反复深入。也就是说,虽然我们从平面设计入手,但是着眼于建筑空间的组合。各种类型的民用建筑,从组成平面各部分面积的使用性质来分析,主要可以归纳为使用部分和交通联系部分两类:

使用部分是指主要使用活动和辅助使用活动的面积,即各类建筑中的使用房间和辅助房间。

交通联系部分是建筑中各个房间之间、楼层之间和房间内外之间联系通行的面积,即各类建筑物中的走道、门厅、过厅、楼梯、坡道,以及电梯和自动扶梯等。

(二)交通联系部分的平面设计

一幢建筑物除了有满足使用要求的各种房间外,还需要有交通联系部分把各个房间之间以及室内外环境之间联系起来,建筑物内部的交通联系部分可以分为:水平交通联系的走廊、过道等;垂直交通联系的楼梯、坡道、电梯、自动梯等;交通联系枢纽的门厅、过厅等。

交通联系部分设计的主要要求有:

① 交通路线简捷明确,联系通行方便;

② 人流通畅,紧急疏散时迅速安全;

③ 满足一定的采光通风要求;

④ 力求节省交通面积,同时考虑空间处理等造型问题。

进行交通联系部分的平面设计,首先需要具体确定走廊、楼梯等通行疏散要求的宽度,具体确定门厅、过厅等人们停留和通行所必需的面积,然后结合平面布局考虑交通联系部分在建筑平面中的位置以及空间组合等设计问题。

以下分述各种交通联系部分的平面设计。

1. 走道

走道是连结各个房间、楼梯和门厅等各部分走道的宽度应符合人流通畅和建筑防火要求,通常单股人流的通行宽度约 550~600mm。在通行人数少的住宅走道中,考虑到两股相对通过和搬运家具的需要,走道的最小宽度也不宜小于 1100~1200mm。在通行人数较多的公共建筑中,按各类建筑的使用特点、建筑平面组合要求、通过人流的多少及根据调查分析或参考设计资料确定走道宽度。公共建筑门扇开向走道时,走道宽度通常不小于1500mm。设计走道的宽度,应根据建筑物的耐火等级、层数以及走道中通行人数的多少,进行防火要求最小宽度的校核。

从房间门到楼梯间或外门的最大距离,以及袋形走道的长度,从安全疏散考虑也有一定的限制。根据不同建筑类型的使用特点,走道除了交通联系外,也可以兼有其他的使用功能,例如,学校教学楼中的走道,兼有学生课间休息活动的功能,医院门诊部分的走道,兼有病人候诊的功能等,这时走道的宽度和面积相应增加。可以在走道边上的墙上开设高窗或设置玻璃隔断以改善走道的采光通风条件。为了遮挡视线,隔断可用磨砂玻璃。

建筑平面中各部分面积使用性质的分类,也不是绝对的,根据建筑物具体的功能特点,使用部分和交通联系部分的面积,也有可能相互结合,综合使用。

2. 楼梯和坡道

楼梯是房屋各层间的垂直交通联系部分,是楼层人流疏散必经的通路。楼梯设计主要根据使用要求和人流通行情况确定梯段和休息平台的宽度;选择适当的楼梯形式;考虑整幢建筑的楼梯数量;以及楼梯间的平面位置和空间组合。

楼梯的宽度,也是根据通行人数的多少和建筑防火要求决定的。梯段的宽度,同走道一样,考虑两人相对通过,通常不小于1100～1200mm。一些辅助楼梯,从节省建筑面积出发,把梯段的宽度设计得小一些,考虑同时有人上下时能有侧身避让的余地,梯段的宽度也不应小于850～900mm。所有梯段宽度的尺寸,也都需要以防火要求的最小宽度进行校核,防火要求宽度的具体尺寸和对过道的要求相同。

楼梯平台的宽度,除了考虑人流通行外,还需要考虑搬运家具的方便,平台的宽度不应小于梯段的宽度。由梯段、平台、踏步等尺寸所组成的楼梯间的尺寸,在装配式建筑中还需结合建筑模数制的要求适当调整。

楼梯形式的选择,主要以房屋的使用要求为依据。两跑楼梯由于面积紧凑,使用方便,是一般民用建筑中最常采用的形式。当建筑物的层高较高,或利用楼梯间顶部天窗采光时,常采用三跑楼梯。一些办公楼、会场、剧院等公共建筑,经常把楼梯的设置和门厅、休息厅等结合起来。这时,楼梯可以根据室内空间组合的要求,采用比较多样的形式,如会场门厅中显得庄重的直跑大平台楼梯,剧院门厅中开敞的不对称楼梯,以及旅馆门厅中比较轻快的圆弧形楼梯等。

楼梯在建筑平面中的数量和位置,是交通联系部分的设计中、建筑平面组合中比较关键的问题,它关系到建筑物中人流交通的组织是否通畅安全,建筑面积的利用是否经济合理。楼梯的数量主要根据楼层人数多少和建筑防火要求来确定。

一些公共建筑物,通常在主要出入口处,相应地设置一个位置明显的主要楼梯;在次要出入口处,或者房屋的转折和交接处设置次要楼梯供疏散及服务用。

垂直交通联系部分除楼梯外,还有坡道、电梯和自动扶梯等。室内坡道的特点是比较省力(楼梯的坡度一般为 $25° \sim 45°$,室内坡道的坡度通常 $<10°$),通行人流的能力几乎和平地相当(人群密集时,楼梯由上往下人流通行速度为每分钟 10 米,坡道人流通行速度接近于平地的每分钟 16 米),但是坡道的最大缺点是所占面积比楼梯面积大得多。

3. 门厅、过厅和出入口

门厅是建筑物主要出入口处的内外过渡、人流集散的交通枢纽。在一些公共建筑中,厅除了交通联系外,还兼有适应建筑类型特点的其他功能要求,门厅的面积大小,主要根据建筑物的使用性质和规模确定。

导向性明确,避免交通路线过多的交叉和干扰,是门厅设计中的重要问题。门厅的导向明确,即要求人们进入门厅后,能够比较容易地找到各过道口和楼梯口,并易于辨别这些过道或楼梯的主次,以及它们通向房屋各部分使用性质上的区别。根据不同建筑类型平面组合的特点,以及房屋建造所在基地形状、道路走向对建筑中门厅设置的要求,门厅的布局通常有对称和不对称的两种。对称的门厅有明显的轴线,如果起主要交通联系作用的过道或主要楼梯沿轴线布置,主导方向较为明确。门厅中没有明显的轴线,交通联系主次的导向,往往需要通过对走廊口门洞的大小,墙面的透空和装饰处理以及楼梯踏步的引导等设计手法,使人们易于辨别交通联系的主导方向。门厅中还应组织好各个方向的交通路线,尽可能减少来往人流的交叉和干扰。对一些兼有其他使用要求的门厅,更需要分析门厅中人们的活动特点,在各使用部分留有尽少穿越的必要活动面积。

建筑物的出入口处,为了使人们进出室内外时有一个过渡的地方,通常在出入口前设置雨篷、门廊或门斗等,以防止风雨或寒气的侵袭。雨篷、门廊、门斗的设置,也是突出建筑物的出入口,进行建筑节点装饰和细部处理的设计内容。

（三）建筑立面设计

建筑立面是表示房屋四周的外部形象。立面设计和建筑体型组合一样,也是在满足房屋使用要求和技术经济条件的前提下,运用建筑造型和立面构图的一些规律,紧密结合平面、剖面的内部空间组合下进行的。

建筑立面可以看成是由许多构部件所组成,它们有墙体、梁柱、墙墩等构成房屋的结构构件,有门窗、阳台、外廊等和内部使用空间直接连通的部件,以及台基、勒脚、檐口等主要起到保护外墙作用的组成部分。恰当地确定立面中这些组成部分和构件的比例与尺度,运用节奏韵律、虚实对比等规律,设计出体型完整、形式与内容统一的建筑立面,是立面设计的主要任务。

建筑立面设计的步骤,通常根据初步确定的房屋内部空间组合的平剖面关系,例如,房屋的大小、高低、门窗位置,构部件的排列方式等,描绘出房屋各个立面的基本轮廓,作为进一步调整统一,进行立面设计的基础。设计时首先应该推敲立面各部分总的比例关系,考虑建筑整体的几个立面之间的统一,相邻立面间的连结和协调,然后着重分析各个立面、剖面的处理,门窗的调整安排,最后对入口门窗、建筑装饰等进一步作重点及细部处理。完整的立面设计,并不只是美观问题,它和平、剖面的设计一样,同样也有使用要求、结构构造等功能和技术方面的问题,但是从房屋的平、立、剖面来看,立面设计中涉及的造型和构图问题,通常较为突出,因此将结合立面设计的内容,着重叙述有关建筑美观的一些问题。

1. 尺度和比例

尺度正确比例协调,是使立面完整统一的重要方面。建筑立面中的一些部分,如踏步的高低,栏杆和窗台的高度,大门拉手的位置等,由于这些部位的尺度相应地比较固定,如果它们的尺寸不符合要求,非但在使用上不方便,在视觉上也会感到不习惯。至于比例协调,既存在于立面各组成部分之间,也存在于构件之间,以及对构件本身的高宽等比例要求。一幢建筑物的体量、高度和出口大小有一定比例,梁柱的高跨也有相应的比例,这些比例上的要求首先需要符合结构和构造的合理性,同时也要符合立面构图的美观要求。

2. 节奏韵律和虚实对比

节奏韵律和虚实对比,是使建筑立面富有表现力的重要设计手法。建筑立面上,相同构件或门窗做有规律的重复和变化,给人们在视觉上得到类似音乐诗歌中节奏韵律的感受效果。门窗的排列,在满足功能技术条件的前提下,应尽可能调整得既整齐统一又富有节奏变化。通常可以结合房屋内部多个相同的使用空间,对窗户进行分组排列。

三、建筑物的组成及各组成部分的作用

建筑一般是由基础、墙和柱、楼层和地层、楼梯、屋顶和门窗等基本构件组成的(见图4.1)。这些构件处于不同的部位,发挥各自的作用。从建筑内部环境安全设计角度,我们重点明确以下三种组成构件。

(1)楼梯:楼梯是楼房建筑的垂直交通设施,供人们上下楼层和紧急疏散之用。故要求楼梯具有足够的通行能力以及防水、防滑的功能。

(2)屋顶:屋顶是建筑物顶部的外围护构件和承重构件。抵御着自然界的风、霜、雨、雪等以及太阳热辐射等对顶层房间的影响;承受着建筑物顶部荷载,并将这些荷载传给垂直方向的承重构件。作为屋顶必须具有足够的强度、刚度以及防水、保温、隔热等的能力。

(3)门窗:门主要供人们内外交通和隔离房间之用;窗则主要是采光和通风,同时也起分隔和围护作用。对某些有特殊要求的房间,则要求门、窗具有保温、隔热、隔音的能力。一座建筑物除上述基本组成构件外,对不同使用功能的建筑,还有各种不同的构件。如阳台、雨棚、烟囱、散水、垃圾井等。

四、影响建筑构造的因素

一座建筑物建成并投入使用后,要经受着自然界各种因素的检

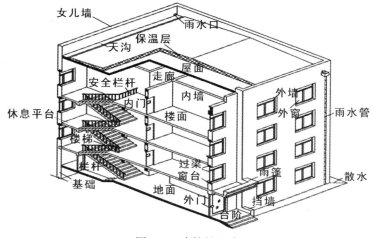

图4.1　建筑的组成

验。为了提高建筑物对外界各种影响的抵御能力,延长建筑物的使用寿命,以便更好地满足使用功能的要求,在进行建筑构造设计时,必须充分考虑到各种因素对它的影响,以便根据影响程度,来提供合理的构造方案。影响的因素很多,归纳起来大致可分为以下几个方面。

（一）外力作用的影响

作用到建筑物上的外力称为荷载。荷载有静荷载(如建筑物的自重)和动荷载之分。动荷载又称为活荷载,如人流、家具、设备、风、雪等以及地震荷载等。荷载的大小是结构设计的主要依据,也是结构选型的重要基础。它决定着构件的尺度和用料。而构件的选材、尺寸、形状等又与构造密切相关。所以在确定建筑构造方案时,必须考虑外力的影响。

在外荷载中,风力的影响不可忽视,风力往往是高层建筑水平荷载的主要因素,特别是沿海地区,影响更大。此外,地震力是目前自然界中对建筑物影响最大也最严重的一种因素。我国是多地震国家之一,地震分布也相当广,因此必须引起重视。在构造设计中,应该根据各地区的实际情况,予以设防。

（二）自然气候的影响

我国幅员辽阔，各地区地理环境不同，大自然的条件也多有差异。由于南北纬度相差较大，从炎热的南方到寒冷的北方，气候差别悬殊。因此，气温变化，太阳的热辐射，自然界的风、霜、雨、雪等均构成了影响建筑物使用功能和建筑构件使用质量的因素。有的因材料热胀、冷缩而开裂，遭到严重地破坏；有的出现渗、漏水现象；还有的因室内过冷或过热而影响工作等，总之均影响到建筑物的正常使用。为防止由于大自然条件的变化而造成建筑物构件的破坏和保证建筑物的正常使用，往往在建筑构造设计时，针对所受影响的性质与程度，对各有关部位采取必要的防范措施，如防潮、防水、保温、隔热、设变形缝、设隔汽层等，以防患于未然。

（三）人为因素和其他因素的影响

人们所从事的生产和生活的活动，往往会造成对建筑物的影响，如机械振动、化学腐蚀、战争、爆炸、火灾、噪声等，都属于人为因素的影响。因此，在进行建筑构造设计时，必须针对各种可能的因素，从构造上采取隔振、防腐、防爆、防火、隔声等相应的措施。以避免建筑物和使用功能遭受不应有的损失和影响。鼠、虫等也能对建筑物的某些构、配件造成危害，如白蚁等对木结构的影响也必须引起重视。

第二节　建筑出入口的安全设计

建筑出入口的安全设计，是整个建筑安全设计的关键，出入口的安全对内部的使用安全是一个保证。

一、门的开启方式与门的种类

门的开启方式主要是由使用要求决定的，通常有以下几种不同方式。

平开门：水平开启的门。铰链安在侧边，有单扇、双扇，有向内开、向外开之分。平开门的构造简单，开启灵活，制作安装和维修均较方便，为一般建筑中使用最广泛的门。

弹簧门：形式同平开门，侧边用弹簧铰链或者地面用地弹簧传动，多数为双扇玻璃门,能内外弹动;少数为单扇或单向弹动的,弹簧门比平开门稍复杂,都用于人流出入频繁或者有自动关闭要求的场所。

推拉门:亦称滑门,在上或下轨道上左右滑行。推拉门可有单扇或双扇,可以藏在夹墙内或贴在墙面外,占用面积较少。推拉门构造较为复杂,一般用于两个空间需扩大联系的门。在人流众多的地方,还可以采用光电管或触动式的设备使推拉门自动启闭。

折叠门:为多扇折叠,可拼合折叠推移到侧边。传动力式简单者可以同平开门一样,只在门的侧边装铰链;复杂者在门的上边或下边需要装轨道及转动五金配件。一般用于两个空间需要更为扩大联系的门。

转门:为三或四扇门连成风车形,在两个固定弧形门套内可以旋转的门。对防止内外空气的对流有一定的作用,可作为公共建筑及有空气调节房屋的外门。一般在转门的两旁另设平开或弹簧门,以作为不需空气调节的季节或大量人流疏散之用。其他尚有升降门、卷帘门等,一般适用于需较大活动空间。

二、门的组成与尺度

门主要由门框、门扇、腰头窗和五金零件等部分组成。门扇通常有玻璃门、镶板门、夹板门、百页门和纱门等。腰头窗又称亮子,在门的上方,供通风和辅助采光用,有固定、平开及上、中、下旋等方式,其构造基本同窗扇。门脸是门扇及腰头窗与墙洞的联系构件,有时还有贴脸或筒子板等装修构件,五金零件多式多样,通常有铰链、门锁、插销、风钓、拉手、停门器等。门的尺度需根据交通运输和安全疏散要求设计。一般供人日常生活活动进出的门,门扇高度常在 1900 ~ 2100mm;门的宽度,单扇门一般为 800 ~ 1000mm,辅助房间如浴厕、贮藏室的门为 600 ~ 800mm,双扇门多为 1200 ~ 1800mm;腰头窗的高度一般为 300 ~ 600mm。

三、门的构造

(一)门樘

门樘又称门框,一般由两根边挺和上槛组成,有腰窗的门还有中横档,多扇门还有中竖挺,外门及特种需要的门有些还有卜槛,可作防风、隔尘、挡水以及保温、隔声之用。门樘断面形状,基本上可与窗框类同,只是门的负载较窗大,必要时尺寸可适当加大。

门框与墙的结合方式,基本上和窗框类同,一般门的悬吊重力和碰撞力均较窗大,门框四周的抹灰更易开裂,甚至振落,因此抹灰要嵌入门框铲口内,并做贴脸木条盖缝。贴一段 15～20mm 厚,30～75mm 宽的木条,为了避免木条挠曲,在木条背后应开槽。贴脸木条与地板踢脚线接头处,一般做有比贴脸木条放大的木块,称为门蹬。考究者门洞上、右、左三个面用筒子板做。

(二)门扇

1. 镶板门、玻璃门、纱门和百页门

这些门都是最常见的几种门扇,主要骨架由上下冒头和两根边挺组成框子,有时中间还有一条或几条横冒头或一条竖向中挺,在其中镶装门心板、玻璃纱或百页板,组成各种门扇。门扇边框内安装门心板者一般称镶板门,又称肚板门。门心板可用 10～15mm 厚木板拼装成整块,镶入边框。一般为平缝胶结,如能做高低缝或企口缝接合则可免缝隙露明。现在,门心板多已用多层胶合板、硬质纤维板或其他人造板等代替。

门心板换成玻璃,则为玻璃门,多块玻璃之间亦可用窗一样的芯子。

门心板改为纱或百页则为纱门或百页门。一般纱门的厚度可比镶板门薄 5～10mm。玻璃门板及百页可以根据需要组合:如上部玻璃,下部门心板;也可上部木板,下部百页等。

2. 夹板门

中间为轻型骨架双面贴薄板的门。这种门用料省,自重轻,外形简洁,便于工业化生产。一般广泛适用于房屋的内门;作为外门则须注意防水的面板及胶合材料。

夹板门的骨架,一般用厚 32～35mm,宽 34～60mm 木料做框子,内为格形纵横肋条,肋长度同框料,厚为 10～25mm,视肋距而定,肋距约在 200～400mm 之间,装锁处须另加附加木。为了不使门格内温湿度变化产生内应力,一般在骨架间需设有通风连贯孔。夹板门的面板一般为胶合板,硬质纤维板或塑料板,用胶结材料双面胶结。有的胶合板面层的木纹有一定装饰效果。夹板门的四周一般采用 15～20mm 厚木条镶边,较为整齐美观。

四、建筑出入口空间环境中易出现的安全隐患及处理措施

建筑出入口存在的安全隐患,是建筑安全使用所不容忽视的问题,需要设计人员去好好把握,如果我们的周围已经建成的建筑存在安全隐患,应该积极想办法解决其可能存在的隐患,防患于未然。

在建筑设计中,不但要满足上面所说的设计要求,以及满足建筑防火等的安全要求外,还要注意在生活中被忽视的安全,为生活的环境创造一个美好安全的空间,减少我们在无意识的情况下所可能受到的伤害。

如图 4.2 所示,在商谈业务或者与亲友愉快地交谈后,出门的时候通常会向室内的好友或者业务伙伴进行礼貌性的挥手道别,如果我们的出入口直接面对通行机动车辆的道路,如果在这个地方没有设置必要的安全措施,就可能带来一定的安全隐患。

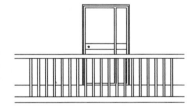

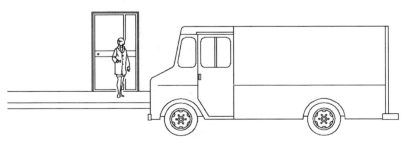

图 4.2　靠近道路的门口隐患

那么,应该如何处理以上的安全隐患呢? 我们可以在门口加上栏杆,如图 4.2 中所示的那样,就能避免从室内出来的人员在无意识情况下,直接到交通道路上,避免可能存在的事故发生。

如图 4.3 所示,我们经常会遇到出入口有高差的情况,特别是在门口比较狭窄的地方可能存在这样的情况,门口出来直接就是台阶,这对于不熟悉环境,或者有急事需要出门时的人来说,重心很容易前倾而导致人员摔倒,从而造成不必要的伤害,在这种情况下,我们应该在门口做一个平台,如图 4.3 中所示,做一个小的平台,然后再用台阶联系室外的地坪。

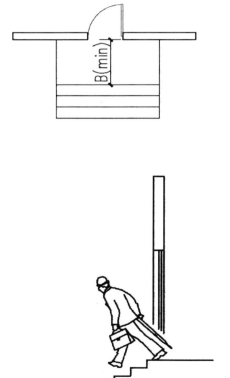

图 4.3 出入口缺少平台的隐患

图 4.4 所示的出入口的安全隐患,同样也是生活中常常遇到的。出入口虽然有了一个平台,可是因为受一定的空间或距离限制,台阶需要在两侧布置的时候,我们有必要在出入口平台上设置护栏,如图 4.4 中所示,护栏的高度一般在 1100mm 以上,保证人的重心高度比护栏高度低,从而防止出门的人员因疏忽而带来的安全事故。

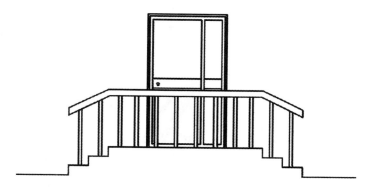

图 4.4 出入口有平台高差的隐患

图 4.5 所示为外廊或是在建筑出入口外无绿化带,或建筑紧邻交通道路的情况,在这种情况下,人的头部是很容易受到伤害的,对

于图 4.5 左边走廊的处理,窗户改为内开,或者是窗户改为高窗,抑或是把窗户的下部改为固定窗,在 1800mm 高度以上的位置再开启窗扇。

图 4.5　出入口开窗的隐患

如图 4.6 所示为车库出入口或者是过建筑的通道的出入口的位置。左边的图示为没有处理的出入口，车辆与人流存在一定的交叉，司机和行人很难互相看到对方，因为在这些位置没有警示标志，出入口也没有减速设置。面对这样的出入口，我们应该如何处理？如图 4.6 右侧所示，在出入口设置减速设施，在建筑与出入口的地方设置警示，让行人走到该位置的时候，能停下来观望，至少是引起行人的注意，减少事故发生的可能性。

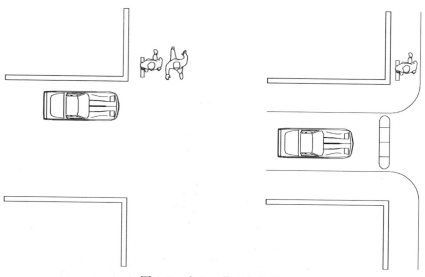

图 4.6　出入口位置与楼梯

如图 4.7 所示，建筑开门直接朝向楼梯求台阶，人员出来后，很容易直接滚下去，造成不必要的事故。其实这样的设计在很多地方都存在，特别是一些对称性的建筑中间楼梯，或者室外楼梯的设置位置，我们应该尽量去避免这种事情的发生。我们最好把开门的位置远离楼梯，这样人出来就不会直接面对一个倾斜的楼梯了，出口平台设置一段平直的栏杆，人们驻足改变方向的时候，就会熟悉周边的环境，减少事故的发生。

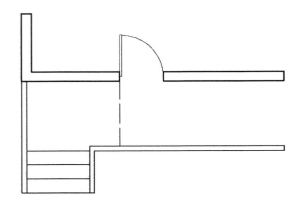

图 4.7 建筑车库或过建筑通道的出入口的安全隐患和处理措施

第三节 建筑内部空间安全设计

一、走廊

由于功能的需要,有时走廊内可能存在一定的高差。如图 4.8 所示,如果不做处理,常常会导致行人走到有高差部位的时候,由于重心的变化而站立不稳甚至摔倒。行人从走廊的低处向高处行走的时候,重心会突然向前,而脚下由于高差的缘故而停在重心的后方,如果行走速度过快,人会突然前倾。前倾的危害可能会小一些,人的自然反应会使人双手迅速伸出去,保证手先触地。如果行人是从高的地方走向低的地方,重心后倾,这样导致人直直地后躺下去,就会有生命危险。从建筑安全设计角度来说,我们可以用简单的方法对此种情况做一定的处理。比如,可以在走廊的墙壁上设置高度变化提示,不管是扶手还是直接在墙壁上画上警戒线都可以减少安全隐患。

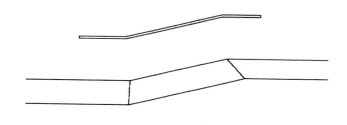

图4.8　有高差的走廊

再如图 4.9 所示,在相邻建筑的内部空间连接处,可能会存在高差,在其走道中用台阶来处理高差。左边的处理方式是相对粗暴的,人们走到这个位置的时候,往往会摔跤。因为从行为心理学角度来说,人们心中往往默认走廊是平的,不会存在高差。处理方法和上述类似,在墙壁上或扶手上提示此段有高差,用不同的材质或者不同的颜色在视觉上提示任务,规避隐患。

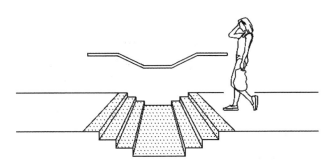

图 4.9　在建筑连接的部位的走廊高差

二、门窗与阳台

（一）阳台

阳台是楼房建筑中,供使用者进行室外活动、晾晒衣物等的空间。

1. 阳台结构布置

人们可以在阳台上休息、眺望。阳台有凸阳台、凹阳台和半凸半凹阳台三种形式。阳台结构形式及其布置应与建筑物的楼板结构布置统一考虑。阳台板尺度应以房间开间尺寸进行布置为宜。这对阳台的结构较为有利。

2. 栏杆形式

阳台栏杆是在阳台外围设置的垂直构件,其作用有二:一是承担人们依靠的侧向推力,以保障人身安全,二是对筑物起装饰作用。从外形上看,栏杆有实体和镂空之分。实体栏杆又称栏板,镂空栏杆的垂直杆件之间的净距离不大于 110mm。从材料上,栏杆有砖砌栏杆、钢筋混凝土栏杆和金属栏杆之分。

3. 细部构造

镂空栏杆中有金属栏杆和混凝土栏杆之分。金属栏杆采用钢筋、方钢、扁钢或钢管等,钢栏杆与面梁上的预埋钢板焊接。钢栏杆与扶手或栏板连接方法相同。预制混凝土杠杆要求钢模制作,使构件表面光洁。棱角方正,安装后不做抹面。根据设计需要刷涂料或油漆。混凝土栏杆可用插入梁或扶手模板内现浇混凝土的方法固接。栏板有砖砌、现浇混凝土、预制钢筋混凝土板之分。现浇混凝土栏板经过支模、扎筋后,与阳台板或面梁、挑梁浇筑。栏板两面需作饰面处理,可采用抹灰或涂料,也可选用其他饰面。阳台扶手宽度一般至少 120mm。

4. 阳台排水

由于阳台外露,室外雨水可能飘入,为防止雨水从阳台上泛入室内,设计中应将阳台地面标高低于室内地面 30~50mm,并做有组织排水。

（二）阳台和门窗中存在的安全隐患

如图 4.10 所示,楼梯间的窗户开启方式,在人靠近墙边上下楼梯的时候,中悬窗的开启的窗扇会碰行人的头部,导致安全事故的发生。在这里,应该用外开的平开窗或者是铝合金的平开窗户。

图 4.10　窗的安全隐患 1

如图 4.11 所示,是下部为固定窗扇,内部窗台比较大,儿童可能会爬上去,在这种情况下,儿童由于安全意识差,爱玩的天性可能会导致儿童直接掉下去。我们在生活和设计中应该避免这样窗户的出现,如果有类似的情况,应该尽快处理。

如图 4.12 和图 4.13 所示,落地玻璃幕墙,或者是落地窗,虽然在人的重心高度有横档,能承受一定的横向压力,但是,如图 4.12 所示的那样,人在斜靠在横档上休息的时候,人的脚不由自主地就会靠向下面的玻璃。在这种情况下,人的脚可能会来回地摆动或者是用力去蹬玻璃,玻璃所承受的侧向压力相对较小,很容易把玻璃压碎,如果玻

图 4.11　窗的安全隐患 2

璃压碎,不仅玻璃掉落后可能伤人,靠窗的人可能会随着玻璃的破裂而重心失衡,从而失足跌落,这个是其安全隐患所在,如图 4.13 所示也存在类似的情况。我们必须在落地窗内侧设置规定高度的护栏来承受侧压力,人即使在落地窗前休息,也不会直接对窗户产生侧压力,从而能减少安全隐患。

图 4.12　窗的安全隐患 3

图 4.13　窗的安全隐患 4

　　再如图 4.14 所示的窗户。首先,窗台高度不够,虽然有下面的固定的窗扇,但是儿童还是能攀援而上的。其次,窗户的开启方式不利于窗户的清洁,如图 4.14 中所示右侧清洁玻璃的人,窗户在重力和下侧手推力的情况下,有可能开启而碰到工人的头部。这个情况的处理应该加高窗台并改变窗的开启方式。

图 4.14　窗的安全隐患 5

　　如图 4.15 所示，由于窗台的高度不够或栏杆不能防止攀爬，儿童能顺利地爬到窗台，如果窗户是开启的，儿童就很容易跌落楼下而酿成事故。我们在设计的时候，不能仅仅追求美观和满足一定的规范要求，其实很多的时候，还要考虑在实际的应用中可能存在的安全隐患，尽量去减少这种隐患的存在，上面仅仅是列举了有限的关于窗户设计产生安全隐患的例子，在生活中，还有很多的安全隐患，需要我们自己去发现，去处理。

　　（三）门的安全隐患

　　门的知识，在上节出入口的安全设计中已经介绍，对于门直接对外的出入口的安全隐患也做了分析，并对一些例子做了处理，制定了一定的处理措施。在此，我们从建筑内部环境空间角度再来分析下门开启方向和开启位置带来的安全隐患。

　　如图 4.16 所示这种门的开启方式在很多的住宅设计中比较突出，特别是小户

图 4.15　窗的安全隐患 6

型的住宅设计。入户门与楼梯紧邻，开门后就影响交通，若想避免这样的尴尬，在设计时楼梯的进深设计得大一些，或者在满足规范要求的情况下，抬高踏步的高度，达到在满足门开启后，距离楼梯的最近的踏步不小于800mm，这样就满足了交通需求，或者是门直接对着楼梯开，当然，这样需要入户有转折空间，遮挡从楼梯直接看到户型内部空间的视线干扰，在满足遮挡住视线的前提下，如图4.16右侧所示，门开启后，门边缘距离楼梯踏步不小于800mm，亦能解决人流交通问题。

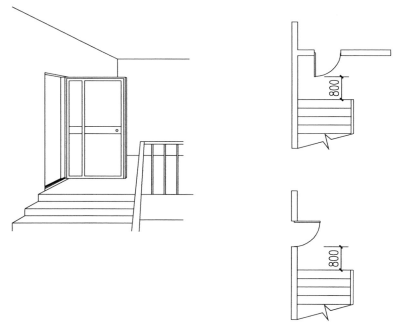

图4.16　门的开启与楼梯位置的安全隐患

　　图4.17为建筑内部大房间的门的开启与楼梯间交通的关系，图中的门的处理方式，不利于人的疏散，在紧急情况下，很容易造成人员挤伤。在这种情况下，图4.17中圆圈所示中的处理方式是很好的，房间的门后退900mm，这样人流就不会被开启的门阻挡，便于人员的疏散。

图 4.17　门和楼梯的安全隐患

图 4.18 为两个紧邻的门,因门的开启方式所带来的隐患示意。这种情况,在办公室带套间或者是在住宅内比较常见。我们在设计的时候,应该注意门的开启方向和相邻门的距离,在门同时开启的时候,不要相互影响。

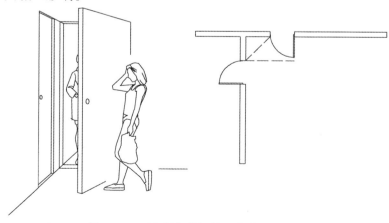

图 4.18　两扇紧邻的门的开启隐患和处理

图 4.19 为房间门与室内的家具门的开启冲突,这个往往不是设计师所能预测的,这是室内二次设计或者是户主个人喜好所决定的。既然存在这样的安全隐患,我们就应该去重视,尽量去避免、减少事故的发生。处理方式如图 4.19 中右侧所示,房间门与家具门至少要有 750mm 的距离。如图 4.20 和图 4.21 所示都存在门开启所带来的安全问题。如图 4.20 所示的右边上侧的处理方式不是很好,右下侧示意的空间处理则更值得借鉴。

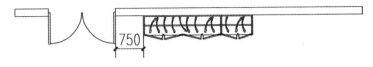

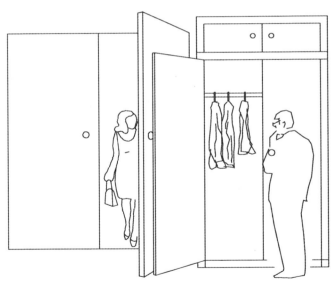

图 4.19 房间门与家具门的开启隐患和处理

如图 4.22 所示,在楼梯部位有门的时候,我们最好要处理一下楼梯下部空间,把楼梯下面空间不高于 2000mm 的地方封堵或利用

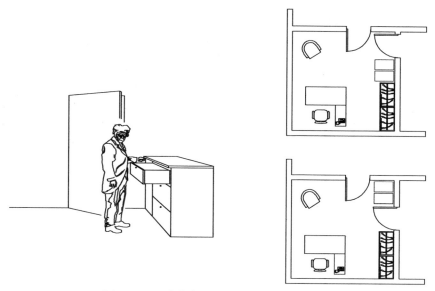

图 4.20 两扇紧邻的门的开启隐患和处理 1

图 4.21 两扇紧邻的门的开启隐患和处理 2

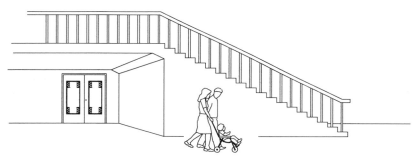

图 4.22 门的开启隐患和处理

起来,避免在人出门的时候,有可能因为不注意而撞在楼梯板上。如图 4.23 所示,弹簧门不利于开在有老年人进出的房间。其实在生活中,我们会遇到很多的门的开启方式或者是门的材质可能带来的隐患。如图 4.24 所示门的处理,儿童在门口玩耍的时候,会被门挤压受伤,如图 4.25 所示的玻璃门,在有儿童活动的地方,这样处理也是不合适的。这种情况下,玻璃门的下面宜换成胶合板或实木门板,亦或其他安全的材质来保证儿童在室内活动时的安全。在生活中还有很多的安全隐患是我们所忽视的,很多是我们司空见惯的,但是越是这种司空见惯的地方,往往越不被我们重视,不去想办法解决。建筑安全设计也需要预见性,只要用心去想,解决的办法就很多。

图 4.23 弹簧门隐患

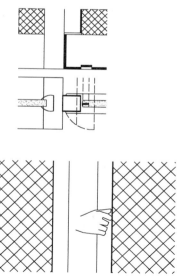

图 4.24 门的隐患

图 4.25　门的安全隐患

三、楼梯、电梯、坡道

楼梯、电梯、坡道是建筑垂直交通部分。

（一）楼梯

一般楼梯主要由楼梯段和楼梯平台两部分组成。设有踏步供层间上下行走的通道段落,称梯段,楼梯的坡度就是由踏步形成的。踏步又分为踏面和踢面。为了在楼梯上行走的安全,楼梯的临空边缘应设置栏杆。楼梯平台指连接两个梯段之间的水平部分。平台用来供楼梯转折、连通某个楼层或供使用者休息。

一般地讲,楼梯的坡度越小越平缓,行走也越舒适,但却扩大了楼梯间的进深,增加了建筑面积,因此,在楼梯坡度的选择上,存在使用性和经济性二者的抉择。楼梯、爬梯及坡道的区别,在于其坡度的大小和踏级的高宽比等关系上。楼梯常见坡度范围为 25°～45°,其中以 30°比较通用。爬梯使用范围在 60°以上。坡道的坡度范围一般在 15°以下,若其倾斜角在 6°或坡度在 1:12 以下的属于平缓的坡道,而坡度在 1:10 以上的坡道应做防滑措施。

以上所述的坡度,尚须根据各种房屋使用性质的不同而进行设计与考虑。如公共建筑中的楼梯及室外梯级应较平坦,其坡度为1:2,居住建筑的楼梯可到45°,但专供老年人或幼儿使用则须平坦些。楼梯的坡度取决于踏步的高度与宽度之比。楼梯设计时必须考虑上述因素,选择适当的踏步尺寸。

楼梯扶手栏杆除了用作围护构件和装饰构件外,还可兼作结构构件。楼梯扶手栏杆作为拉杆用来悬挂梯段构件。

楼梯设计必须符合一系列的有关规范的规定,例如,与建筑物性质、等级有关的建筑规范以及防火规范等。在进行设计前必须熟悉规范的要求。

楼梯在建筑平面上因其所处楼层的不同面有不同的表示法。但无论是底层楼梯、中间层楼梯还是顶层楼梯,都必须用箭头标明上下行的方向,标注上行或下行,且必须从正平台开始标注。

梯段的宽度取决于同时通过的人流的股数及有否经常通过例如家具或担架等特殊的需要。有关的规范一般限定其下限,对每一个具体的方案需作具体分析,楼梯的舒适程度及其在整个空间中尺度上的合适比例等都是经常考虑的因素。梯段的长度取决于该段的踏步数及每一步的踏面宽。在一般情况下,特别是公共建筑的楼梯,一个梯段不应少于3步,也不应大于18步。少于3步易被忽视,有可能造成伤害。超过18步行走会感到疲劳。平台的深度不应该小于梯段的宽度。当梯段较窄而楼梯作为主要楼梯的时候,平台的深度应该加大,以利于带物转弯及家具、担架的通过。另外,当楼梯平台通向多个出入口或有门向平台方向开启时,楼梯平台的深度也应当适当加大以防止碰撞。

楼梯下面净空高度的控制为梯段上净高大于2200mm,楼梯平台处梁底下面的净高大于2000mm。楼梯净高的控制不但关系到行走安全,而且在很多情况下还牵涉到楼梯下面空间的利用以及通行的可能性。

（二）台阶与坡道

大部分台阶与坡道属于室外工程,一般不高,但可能较长。如同楼梯一样,台阶与坡道也由踏步或坡段与平台两部分组成。平台的表面应比底层室内地面的标高略低,泛水方向应背离进口,以防雨水流入室内。

台阶与坡道的坡度一般较为平缓。坡道的坡度一般在 1/6 ~ 1/12 左右;台阶,特别是公共建筑主要出入口处的台阶每级一般不超过 150mm 高,踏面宽度最好选择在 350 ~ 400mm 左右,可以更宽。

台阶与坡道因为在雨天也一样使用,所以面层材料必须防滑,坡道表面常做成锯齿形或带防滑条。

（三）电梯

在多层和高层建筑中,为了运行的方便、快速和实际需要,常设有电梯。

电梯井道是电梯运行的通道。井道内除电梯及出入口外尚安装有导轨,井道是高层建筑穿通各层的垂直通道,火灾事故中火焰及烟气容易从中蔓延。井道围护构件应根据有关防火规定进行设计,较多采用钢筋混凝土墙。高层建筑的电梯井道内,超过两部电梯时应用墙隔开。

为了减轻机器运行时对建筑物产生振动和噪声,应采取适当的隔振及隔音措施。一般情况下,只在机房机座下设置弹性垫层来达到隔振和隔音的目的。电梯运行速度超过 5m/s 者,除设弹性垫层外,还应在机房与井道设隔音层,高度为 1.5 ~ 1.8m。电梯井道外侧应避免作为居室,否则应注意设置隔音措施。最好楼板与井道壁脱开作隔音墙。除设排烟通风口外,还要考虑电梯运行中井道内空气流动问题。一般运行速度在 2m/s 以上的乘客电梯,在井道的顶部和底坑应有不小于 300mm × 600mm 通风孔。井道为了安装、检修和缓冲的需要,井道的上下均须留有必要的空间,其尺寸与运行速度有关,井道底坑壁及底均需考虑防水处理。消防电梯的井道底坑还应有排水设施。为便于检修,需考虑坑壁设置爬梯和检修灯槽,坑底位于地下室时,宜从侧面开抢修用小门,坑内预埋件按电梯厂要求确定。

电梯机房一般设置在电梯井道的顶部,少数也有设在底层井道旁边者。机房的平面尺寸需根据机械设备尺寸的安排及管理、维修等需要来决定,一般至少有两个面每边扩出 600mm 以上的宽度。高度多为 2.5 ~ 3.5m。

（四）楼梯、电梯等容易存在的安全隐患

楼梯、电梯的安全设计，除了前面的基础知识外，还要满足规范要求。但是我们在设计中，还是会出现一些意想不到的安全隐患。如图 4.26 所示，楼梯的踏步要做防滑处理，这个是设计人员都熟悉的，但是对于如图 4.27 所示的情况，在楼梯间的进深不够的时候，会有一些踏步在楼梯间的外侧。在这种楼梯间进深不够的情况下，设计人员有时会考虑不周，并因此带来安全隐患，因为人在正常地上下楼梯时，总是习惯用余光看着楼梯间的墙壁或扶手来判断楼梯的踏步是否结束。这时，适当考虑延伸梯段两侧的墙面或扶手不失为一个较好的处理办法，可以给行进中的人员一个合理的暗示和提醒。

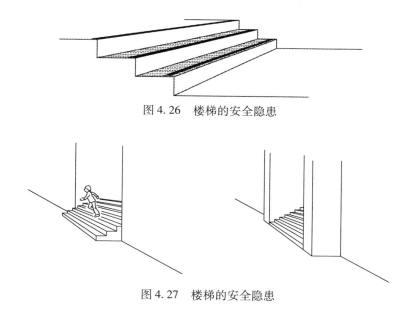

图 4.26　楼梯的安全隐患

图 4.27　楼梯的安全隐患

如图 4.28 所示楼梯的安全隐患。两跑楼梯的中间部位，即梯井，如果缝隙过宽，儿童很容易从中间摔下。对于这个安全隐患，一般宽度不要超过 200mm，如果超过 200mm，应另作防护，防止人员或者杂物从中间掉落下去。

图 4.28　楼梯的安全隐患

　　如图 4.29 所示的楼梯,楼梯平直段的护栏是水平护栏,儿童可以攀爬上去,这样的防护不适宜有儿童出现的场所,我们应当避免出现这样的防护措施,如非要用水平防护,建议用整体的木板或者是钢化玻璃等,避免出现可以让儿童攀爬的缝隙。

图 4.29　楼梯的安全隐患—水平栏杆

　　如图 4.30 的楼梯,由于楼梯栏杆之间的距离超过 130mm,儿童可以轻易地从栏杆之间通过,这个非常不利于楼梯的安全防护,我们在做设计或者选楼梯样式的时候,要特别注意这个隐患的出现。

图 4.30　楼梯的安全隐患—栏杆间距过大

　　如图 4.31 所示的楼梯扶手的设置,在一些建筑内,扶手的设置应该考虑儿童的使用要求。

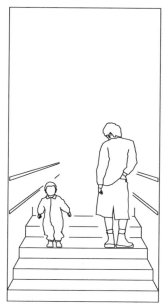

图 4.31　楼梯的扶手

如图 4.32 所示的旋转楼梯。对于这个旋转楼梯,我们姑且认为它都满足了设计的要求。在房间内设置旋转楼梯,可以增加室内空间造型和空间氛围,但是如果踏步处理不好,对于好动的人来说,是一个安全隐患。如图 4.32 中所示,踏步都有棱角,如果有好动的儿童在室内活动,往往容易碰到旋转楼梯上,导致人员受伤。

图 4.32　旋转楼梯的踏步

如图 4.33 所示的室内布置,电视机放在房子的一个角上,可以有效地利用空间。但是,电视机直接对着室内楼梯,如果从楼梯上下来的人速度过快,会冲到电视机上,造成电视机破坏,或人员受伤,这就是室内环境设计不当带来的安全隐患。简单的改变一下室内布置,多考虑一下人的行为习惯,这种事故就可以避免。如图 4.33 中所示,可以把电视机布置到房间中楼梯的侧边角落,室内环境安全隐患就可以得到改善。

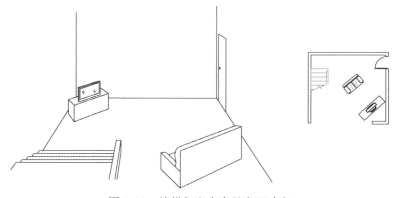

图 4.33　楼梯与室内家具布置冲突

四、卫生间等带水房间的安全设计

卫生间、厨房等带水房间的安全设计,由于水的存在,往往会比无水房间多些安全隐患,同时由于厨房电器、利器比较多,也会多一些安全隐患。所以,我们在满足规范要求的情况下,还需要多多考虑规范外的影响因素,对于规范规定的设计标准,在此不再叙述。卫生间是一座建筑中个人行为中"隐秘的空间",随着社会的发展和进步,人们对卫生间的需求也越来越高,人不但要卫生间实用、舒适,而且要时尚、整洁。

　　我们在设计中往往选择一些高档的洁具,但是,洁具的安装,也有可能破坏一个卫生间的安全环境。如图 4.34 所示,卫生间在装修前是安全的,安装了浴缸和洗脸盆后,则存在如图 4.34 所示的安全隐患,儿童可以很顺利地借浴缸而爬上洗脸盆,从而导致窗户在此时的防护不足,这个安全隐患在我们的设计中,很少注意。设计师设计卫生间窗户的时候,肯定很少考虑这种安全隐患的存在,因为作为建筑设计师,可能对室内设计关注不够,但是作为室内设计人员,在做室内装修二次设计的时候,应该去考虑这种情况存在的可能性,避免出现类似的安全隐患,对于如图 4.34 所示的安全隐患,处理方式如图中圆圈所示,把窗户改为固定窗。如图 4.35 所示的卫生间用电的安全隐患,在一些旧建筑中是普遍存在的。应该把灯的开关从卫生间内移到卫生间门外,安装高度要满足要求,高度控制在 1200～1300mm。

图 4.34　卫生间安全设计

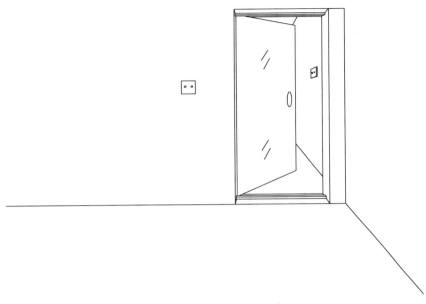

图 4.35　卫生间安全设计

厨房的安全设计除了要满足规范的要求外,还要注意一些生活中的小问题,可以避免不必要的安全隐患和增加使用舒适度。

(1)从许多不同的点去测量房间的长宽高(例如,地板到天花板的高度、墙到墙之间的宽度),检查是否有凹凸不平之处。

(2)评估所有的突出物,如水管、煤气表和水电表等的位置。还要处理好水管、煤气管的防水问题。

(3)注意现有水管的位置。把水管穿楼板的套管处理好,保证不会在不小心的时候碰伤自己,还要保护好套管的防水,避免震动。

(4)注意现有电源插座的位置。电源插座最好选择防水的,安装位置要尽量选择儿童触摸不到的地方。

(5)仔细考虑柜子和冰箱设计位置,使其便于把门打开。避免柜子和冰箱的门开启后与厨房的门有冲突,或者是影响厨房内的交通。

(6)计划什么位置需要加强局部照明,特别是切菜板上方最好加强照明,避免晚上切菜的时候发生不必要的安全隐患。注意将灯具固定在悬空式壁柜下方,这样就可以照亮操作台的范围。

(7)不宜将煤气灶台炉或烤箱等安置在窗户下方,否则风很可能会把炉火吹灭,或将窗帘吹到炉灶上面,这样容易导致火灾的发生。

(8)烤箱和煤气炉旁的台面要留有适当的台面,以便放置热腾腾的炒锅和盘子。不要把炒锅和热盘子等放在操作台的边缘,更不要把煤气灶放在边缘,避免如图4.36所示的安全事故的发生。

(9)不宜将冰箱装在炊具旁边,否则冰箱会因温度过高而需耗费较多电力以维持必要的温度。

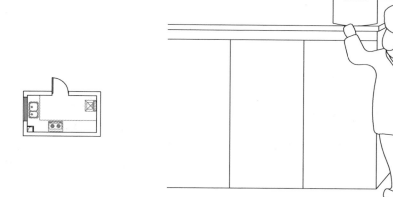

图4.36　厨房安全设计

第四节　其他安全隐患

如图4.37所示,楼梯间直接朝向室外的时候,如果地面材质都是一样的,也会存在安全隐患,人们在进入建筑的时候,大脑中的意识是有无台阶,如果地面的材质一样,在进去的时候往往会忽略有下行的楼梯,因此会有不必要的事故发生,正确的处理方式应该如图4.37中右侧所示,把入口的地方材质与室外的材质有对比,以达到警示和提醒的效果,同时把扶手做一段水平段,加强警示的效果。如图4.38所示地面材质的对比,处理了出入口附近开窗的安全隐患,地面处理后,地面材质的变化,会引起人们视觉上的警觉,从而避免人们直接沿着墙边走而撞在窗户上。如图 4.39 所示,在外部空间有高差的地方可以做一些防护措施,避免人从车上下来以后,由于不小心而导致人后翻摔倒。如图 4.40 所示,如果把围护高度提高一些,相信会让人觉得有所依靠,从而更有安全感。

图 4.37　楼梯口的安全隐患与地面材质的处理

图 4.38　地面材质处理隐患

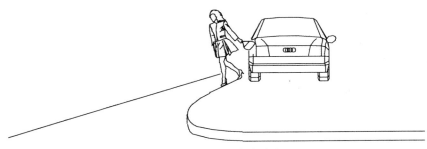

图 4.39　环境的安全隐患

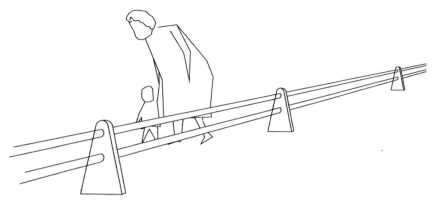

图 4.40 环境安全隐患

总之,如果从设计之初,就关注到建筑安全问题,我们生活中安全隐患就一定会减少很多。如果能主动及时地发现问题,解决问题,那一切的事故苗头也会消失在萌芽之中。

参 考 文 献

［1］ 罗云,等.安全文化百问百答[M].北京:北京理工大学出版社,1995.

［2］ 汉语大词典.成都:四川辞书出版社,武汉:湖北辞书出版社,1995.

［3］ 安全科学技术词典[M].北京:中国劳动出版社,1991.

［4］ C^4ISR——指挥、控制、通信、计算机、情报、监视和侦察系统
    Command,Control,Communications,Computers,Intelligence,Surveillance.

［5］ [德]库尔曼.安全科学导论.赵云胜,等译.北京:中国地质大学出版社,1991.

［6］ 钱学森,等.论系统工程.长沙:湖南科学技术出版社,1982.

［7］ 卢岚.安全工程.天津:天津大学出版社,2003.

［8］ 金龙哲,宋存义.安全科学原理.北京:化学工业出版社,2004.

［9］ 甘心孟,沈裴敏.安全科学技术导论.北京:气象出版社,2000.

［10］ 程根银,倪文耀.安全导论.北京:煤炭工业出版社,2004.

［11］ 唐景山,丛慧珠,崔国璋.建筑安全技术.北京:化学工业出版社,1993.

［12］ 常怀生.环境心理学.北京:中国建筑工业出版社,1984.

［13］ 常怀生.室内环境设计与心理学.北京:中国建筑工业出版社,1999.

［14］ 杨公侠.视觉与视觉环境.北京:中国建筑工业出版社,1984.

［15］ [美]凯文.林奇.城市意象.林庆怡,等译.北京:华夏出版社,2001.

［16］ 胡正凡,林王莲.环境心理学.北京:中国建筑工业出版社,2012.

［17］ 俞国良,王青兰,杨治良.环境心理学.北京:人民教育出版社,1999.

［18］ 谷口凡邦,等译.建筑外部空间.北京:中国建筑工业出版社,2002.

［19］ 营区道路设计规范 CJJ 37—90.北京:中国计划出版社.

［20］ [日]中村攻.儿童易遭侵犯的空间分析及其对策.章俊华,等译.北京:中国建筑工业出版社,2006.

［21］ Steward JM. Managing For World Class Safety[M]. New York:John Wiley & Sons. 1 - 5. 2002. Taylor G、Hegney R、Easter K. Engancing Safety[M]. 3rd. West Austrilia. 1 - 10. 2001.

［22］ 富贵,等.论安全科学技术学科体系的结构与内涵[J].中国工程科学,12 - 16. 2004. 6(8).

［23］ 金磊.城市建筑安全设计系统工程初探.现代城市研究,1994(1).

［24］ FriedmanA,Zimring K,Zube O,薄曦,韩冬青译.环境设计评估的结构——过程方法.

新建筑,1990(2).

［25］杨公侠．环境心理学的理论模型和研究方法．建筑师,1992(5).

［26］杨公侠,徐磊青．上海居住环境评价．同济大学学报,1996(5).

［27］饶小军．国外环境设计评价实例介评．新建筑,1989(4).

［28］林玉莲．东湖风景区认知地图研究．新建筑,1995(1).

［29］林玉莲．武汉市城市意象的研究．新建筑,1999(1).

［30］陈青慧等．城市生活居住环境质量评价方法初探．城市规划,1987(5).

［31］吴硕贤,李劲鹏,霍云,等．居住区生活环境质量影响因素的多元统计分析与评价．环境科学学报,1995(3).

［32］吴硕贤,李劲鹏,霍云,等．居住区生活与环境质量综合评价．华南理工大学学报(自然科学版),2000(5).